少年励志

给在青春跑道上的少年们，
送去满满的正能量和暖暖的时光。

所有失去的一切都将以另一种方式归来

刘长江◎编著

全新
暖心佳作
开启心灵深处
的成功意识

成都地图出版社

图书在版编目（CIP）数据

所有失去的一切都将以另一种方式归来 / 刘长江编
著. —— 成都：成都地图出版社，2018.4（2019.5重印）
ISBN 978-7-5557-0884-1

Ⅰ.①所… Ⅱ.①刘… Ⅲ.①散文集—中国—当代
Ⅳ.①I267

中国版本图书馆CIP数据核字(2018)第056158号

所有失去的一切都将以另一种方式归来

SUOYOU SHIQU DE YIQIE DOU JIANG YI LINGYIZHONG
FANGSHI GUILAI

责任编辑：向贵香
封面设计：吕宜昌

出版发行：成都地图出版社
地　　址：成都市龙泉驿区建设路2号
邮政编码：610100
电　　话：028-84884827　028-84884826（营销部）
传　　真：028-84884820

印　　刷：三河市人民印务有限公司
（如发现印装质量问题，影响阅读，请与印刷厂商联系调换）

开　　本：710mm×1000mm　1/16
印　　张：10　　　　　　　字　　数：200千
版　　次：2018年6月第1版　2019年5月第3次印刷
书　　号：ISBN 978-7-5557-0884-1
定　　价：29.80元

不管人也好，树也好，越想花枝招展，就越要往泥土里钻。往地下钻是痛苦孤独的，但只有这样才能蓄积养分。

——汪涵 ◀

对书呆子好一点，未来你很可能就为其中一个工作。

——比尔·盖茨 ◀

我还有很多路要走，我不知道我要走到哪里，也不知道能走多远。但我想，心有多远，脚下的路就有多远。

——李娜 ◀

永远不要跟别人比幸运，我从来没想过我比别人幸运，我也许比他们更有毅力，在最困难的时候，他们熬不住了，我可以多熬一秒钟、两秒钟。

——马云 ◀

青春是纵然梦想很远，踮起脚尖就能更近一些。

——何炅 ◀

世界上唯一可以不劳而获的就是贫穷，唯一可以无中生有的就是梦想。世界虽然残酷，但只要你愿意走，总会有路。

——刘强东 ◀

我能在冬天的严酷环境中生存下来，可能我会在春天是最漂亮的。

——张瑞敏 ◀

有的人生活在晚上十点，因为他留在昨天；有的人生活在凌晨两点，他必将迎接未来。同样是伸手不见五指，但这就是区别。

——罗振宇 ◀

当你的才华还撑不起你的野心的时候，你就应该静下心来学习；当你的能力驾驭不了你的目标时，就应该沉下心来历练。

——莫言 ◀

你可以失败，但决不能这样失败，竟然是被太阳晒死的，是被海水咸死的，是被寒风冻死的。作为男人，这也许是莫大的耻和辱！

——麦家《致信儿子》 ◀

前途比现实重要，希望比现在重要。我们没有预见未来的能力，也没有洞穿世事的眼力，但至少我们有努力让自己变得更好，去迎接考验的学习力。

——中国人民大学　田恺 ◀

自信，使不可能成为可能，使可能成为现实。不自信，使可能变成不可能，使不可能变成毫无希望。读这本励志书，不是喝鸡汤，其实是给自己的自信心加油。

——上海交通大学　李莉敏 ◀

学习就要有坐冷板凳的毅力，求知的路漫长而枯燥，有好书相伴会让我们更有耐力，不再迷茫。

——衡水中学　柳君子 ◀

没有目标就没有方向，每一个阶段都要给自己树立一个目标。这会让你的青春时光过得更有价值，让你以后的人生更有价值。当我们失落迷茫时，不如读读这本书，它将是一位集解压、启迪、倾听、陪伴多种功能的好伙伴。

——河北大学　周政均 ◀

学习和考试，并没有你想象得那么糟糕，掌控好的方法才是真理；青春和理想并没有那么虚无，拥有好的心态才是法宝。不再郁闷苦恼，告别无病呻吟，读这本书无疑会告诉你青春的答案。

——启东中学　陈敏一 ◀

青春，一个被赋予太多憧憬与希望的词汇。在很多人眼里青春如火，燃烧着激情与活力；青春如花，绽放着智慧和希望。如何让青春绽放光彩，我分享给朋友们的方法是——与好书同行，与优秀的人同行。

——南开大学　秦冲 ◀

一本书，不能让所有的人在所有的时间受益，但可以让特别的人在特别的时间受益。

——林肯

C目录
ontents

寻找改变你的核心力量 ▶ PART 06

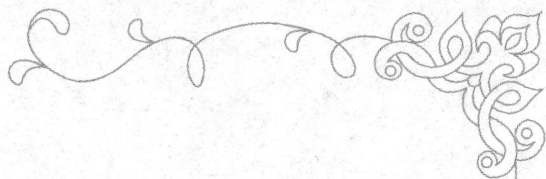

PART 01
种子埋下，迟早开花

梦想绝不是梦，而是需要用智慧来搭建梦想与生命之间的桥梁，才敢大胆地敞开心扉的大门！

用梦想打开智慧的大门，这需要勇气，需要大胆。如果只把梦想当作梦，那么这样的人生可以说没有什么亮点。梦想使人伟大，人的伟大就是把梦想作为目标来执着的追求！努力向上吧，星星就躲藏在你的灵魂深处；做一个悠远的梦吧，每个梦想都会超越你的目标。

让青春反抗老朽，让热情反抗陈腐，让未来反抗往昔，这是多么自然！青春年少，风华正茂的你，应该拥有一个梦想！

人生的大悲剧不是人们死亡，而是他们不再爱人。

——［英］毛姆

心中装有太多太多的梦想

青少年朋友们，在小时候，每个人都有着好多好多的梦想：梦想长大做一名科学家，梦想长大可以去月球，梦想有一天可以指挥千军万马，梦想自己长大当名警察，梦想有一天驾驶着自己的飞机，梦想自己拥有一家国际公司，梦想……大家的梦想是美好的，也都怀着这样的梦想在成长的道路上走来。无论那个梦想离现实有多遥远，对于那时幼稚的你们来说，那就是个美梦，是股力量，都希望长大让梦想成真。

◆ 人人都有太多太多的梦

人降临到这个世界上的那一刻起，就有了梦想。从哇哇大哭梦想自己可以说话走路开始，脑子里就已经堆积了很多很多的梦。不论这个梦是大是小，是否实现了，它都在给人们的生活增色添彩，在照亮人生的旅途。梦，就是人们生活的动力，而梦又无时无刻不存在着。

走在这茫茫人海里，每个人都在为自己心中的那个梦而奔波。一个露宿街头的乞丐，梦想明天自己可以有座房子，哪怕是个破房，只要能挡风遮雨就行；一个时不时做点坏事的流浪儿，多么想自己有一个温暖的家，哪怕爸爸妈妈不爱他，只要有"家"的概念就行；一个天天在外摆摊的小贩，多想自己有个正规的工作，哪怕工资不太乐观，只要天天不用过躲避的日子就行……芸芸众生，生活不同，梦想不同，但相同的是心中都有很多个梦。

有一天，一位牧羊人带着两个孩子在山坡上放羊。突然，一群大雁鸣叫着从他们头顶上飞过，并很快消失在远方。这时，牧羊人的小儿子问道："大雁要往哪里飞呢？"牧羊人说："它们要去一个温暖的地方度过寒冬。"大儿子则眨着眼睛羡慕地说："要是我也能像大雁那样飞起来就好了。"小儿子也说："要是能做一只会飞的大雁该多好啊！"

牧羊人沉默了一会儿，然后对两个儿子说："只要你们想，你们也能飞起来。"两个孩子像大雁一样，张开胳膊在山坡试着飞起来，可是却没能飞起来。这时，牧羊人肯定地说："你们还小，只要不断努力，将来就一定能飞起来，去想去的地方。"

两个儿子牢牢记住了父亲的话，并一直努力着，等他们长大——哥哥36岁，弟弟32岁时——他们果然飞起来了，因为他们发明了飞机。这两个人就是美国的莱特兄弟。

莱特兄弟的飞翔梦，相信大家也曾梦想过。人人都有太多太多的梦。无论是名人还是明星，他们都与普通人一样，也有着梦的世界，梦想自己可以成名，梦想自己可以管理国家，梦想自己可以成为好莱坞巨星，梦想自己可以周游世界……不错，这样的梦想辉煌而璀璨。可是，这个梦，是人人都不敢想的梦，又都是人人想去追求的梦。

作为众生中的一员，作为奋发向上的青少年，你们也有着自己生活中的梦想，梦想自己可以成为班级里"Number One"，甚至全校、全区、全市、全省、全国的"First"；梦想自己可以考上最好的高中、名牌的大学，再拿上一流的、人人羡慕的学位证；梦想自己可以开家公司，指挥千军万马，甚至可以进入全球500强；梦想自己……青少年的你们，也有着这么多或大或小、或远或近的梦想。这些梦想能否可以成真，关键在于你是怎样去对待的。

梦想，不是个梦，是人生中的一个目标。这些太多太多的梦，是对人生的一种追求，对自己欲望的满足。心中太多的梦，也许可以使你成为名人、伟人，也许会让你望而却步。作为当今朝气蓬勃的青少年，为自己心中那个梦想去奋斗，去拼搏吧！它就像一团火，在你心中熊熊燃烧，来激起你对生命的热爱，对生活的追求。

◆ 学会把梦想交给自己

梦想可以有很多，但要学会把握；梦想可以很远，但要学会坚持；梦想可以很大，但要学会牢记；梦想可以很小，但要学会不满足，因为还有更多的梦想等着你去实现。学会把梦想交给自己，心中的那个梦离实现就不远了。

在生活中，有很多人经常对别人大谈自己的梦想，甚至把自己的那个梦想托付给别人，"若得不到你的帮助，我就完了"、"你那么厉害，完全可以帮我完成"……似乎那个梦想不是自己的。这样的做法是非常可怕的，即使那个梦想实现了，可自己的那段人生就不感到空虚了吗？把梦想握在自己的手中，就是在握自己的命脉。

NBA小巨人博格斯从小就酷爱篮球，几乎天天可以看到他在篮球场上的影子，当时他的梦想就是有一天可以打NBA。对于身高只有1.6米的博格斯来说，在东方人眼里都已算是个矮子了，更不用说全是身材高大的NBA了。

然而，为了实现自己的梦想，他拼命苦练。他睡觉抱着球，出门带着球，即使是去倒垃圾，也是左手拎垃圾袋，右手运球，结果把垃圾搞得到处都是，父亲骂他，邻居也笑话他，可这都无济于事，他照样我行我素。

第 10 届世界锦标赛后，博格斯成了明星，成了人们羡慕的对象，只要他在哪儿出现，哪儿就有疯狂的人群。博格斯不仅是史上 NBA 里最矮的球员，也是 NBA 表现最杰出，失误最少的后卫之一，不仅控球一流，远投神准，甚至在高个队员面前带球上篮也毫无畏惧。

NBA 小巨人博格斯的梦想实现了，因为他一直把梦想交给自己，让梦想在现实中展翅高飞，梦想一旦被付诸行动，就会变得神圣。

学姐寄语

名人之所以可以成为名人，是因为他们可以把自己的梦想交给自己。作为青少年，把握住自己心中的那个梦想，不论这个梦想是大是小，是远是近，都要让自己来完成，这才是人生。梦想可以有很多，但不可以不会把握。不会把握的人，有再多的梦想，那也只是空想。

有梦想离成功更近一步

每个人都有很多的梦想，甚至是幻想，这并不是不好的现象。懂得幻想、梦想的人，是成功的开始，是一个人有所作为的开始。作为新世纪的青少年，拥有梦想是你们人生跑道上的助推器，是走向成功的开始。正所谓有梦想才有作为。

◆ 有梦想才会成功

青春期，是青少年接受新事物的最佳时期，也是你们渴望成功的冲动时期。梦想对于你们而言，似乎是遥远的，又似乎近在眼前。因为，心中的那个梦想一直是你们奋斗的"加速器"。

成功，每个人都想达到，同时也是每个人心中最崇高的梦想。古今中外，无人不在时时刻刻做着成功的梦想。学子梦想着取得优异的学习成绩；贫民梦想着有一天过上富裕的小资生活……有了这种想法，敢于去想，才是勇者。生活中，还存在着许多不知什么是梦想的人，这样的人更可悲，与成功可以说是遥遥相望。没有想法，没有动力，何来灿烂的人生，惬意的生活？

美国著名影星施瓦辛格曾用自己亲身的经历，向清华学子"面对面"谈自己的梦想，并说明梦想的重要性。小时候，体弱多病的他，

智 | 慧 | 心 | 语

我宁可做人类中有梦想和有完成梦想的愿望的最渺小的人，不愿做一个最伟大却没有梦想和愿望的人。

——[黎巴嫩]纪伯伦

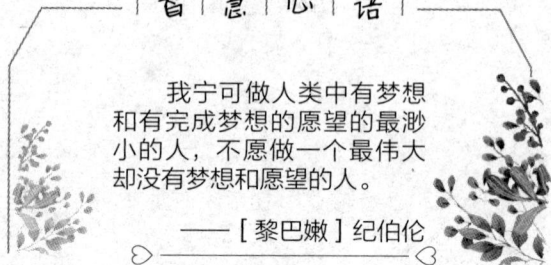

梦想自己可以成为世界健美冠军，听起来也许很可笑，但是他做到了。最初，他常受到一些人的嘲讽和质疑，可他在锻炼后铸就了一副强壮的身板，并实现了自己的梦想。而在随后的从影、从政过程中，外界的质疑也从未中断过，可他没有动摇，最后还是将梦想一个个地变成了现实。

最后，施瓦辛格深有感触地对清华学子说到："不管你是否受过短暂的挫折和失败，只要你坚持自己的梦想，就一定会成功！"

确实如此，有梦想才会成功，天上永远不会掉馅饼，只有自己奋斗，才能得到又大又香的馅饼。在现实生活中，人们总是说，很多事情是想起来容易做起来难，最终能够获得成功的人凤毛麟角。的确，脑子中那些梦想不是说出来就成功了，而是需要靠科学的方法、自信、坚持、耐心、坚韧不拔、纪律、诚信、勤劳等因素来实现的。要想把自己的梦想转化为现实，转化为成功，并不是那么容易的。

现在，很多青少年在自己的梦想和理想面前，总是显得那么迷茫。尤其是，当经过了很多努力的时候，依然还没看到成功的希望，那时你们的思维不免总是深陷在疑惑的沼泽中：我能成功吗？什么时候可以成功？在这一连串疑问的后面，紧跟着的是怀疑和松懈。

于是，放弃的心思，就如小草一样在原本不算肥沃的心田吞噬着仅存的养分；于是，你们便随波逐流，随遇而安。殊不知，哀莫大于心死。当梦想的火炬熄灭、激越的心灵被蒙上厚厚的尘灰的时候，成功，也就真的永永远远地离你们而去了。这时候，更无须谈什么成功了，只有空

虚和哀叹。

其实，成功离我们并不遥远，只不过有了梦想的你，离成功更近一步，甚至是近在咫尺，伸手可及。但是，放弃了梦想，就等于是放弃了全部，包括人生。青少年，请你们永远也别放弃对成功梦想的追求！梦想是心灵的翅膀。没有翅膀的心灵是孤寂的。只有梦想才能把我们从平庸的生活中解救出来，去接近神圣。上天给了我们情感，我们要心怀希望，感受欢乐。我们为希望而生，我们为梦想而活！

◆ 有梦想才有作为，做最好的自己

梦想，是人们在奋斗的道路上编织的美梦。有了这个美梦，人们才可以做最好的自己。因为他们有了方向，有了目标，知道自己该干什么，下一步又该做什么。

一个没有梦想的人，无须谈什么人生的奋斗，人生的追求，更不要说什么成功；一个时刻编织着自己美梦的人，他的人生是灿烂的，是辉煌的，是时刻散发出光芒的，可以说，他已经拥有了一半的成功机会。

有一条小毛虫，在一个晚上做了一个梦，梦见自己爬到了一个山顶上，在那里看到了整个世界。早上，太阳升起的时候，小毛虫朝着那个方向缓慢地爬行着。

一路上，它遇到了蜘蛛、鼹鼠、青蛙和花朵，它们都用着同样的口吻劝小毛虫放弃这个打算。但小毛虫带着这个梦想，怀着这个信念，始终坚持着向前爬行……终于，小毛虫筋疲力尽，累得快要支撑不住了。于是，它决定停下来休息，并用自己仅有的一点儿力气建成一个休息的小窝——蛹。

最后，小毛虫"死"了。所有的动物都来瞻仰小毛虫的遗体，突然，大家惊奇地看到，小毛虫贝壳状的蛹开始绽裂，一只美丽的蝴蝶出现在它们面前。美丽的蝴蝶翩翩飞到了大山顶上，重生的小毛虫终于实现了自己的梦想……

这个美丽感人的童话，在向人们诉说一个人生哲理：人活在世界上，不能没有梦想，没有梦想的人生是空白的；为了自己的那个梦想，就要付出比常人更艰辛的努力，这样的人生才完美。

我国著名的文学大师林语堂说："梦想无论怎样模糊，总潜伏在我们心底，使我们的心境永远得不到宁静，直到这些梦想成为事实为止。"他把梦想和行动看作了是实现人生价值的阶梯。正所谓人们常说的，有梦想才能有作为，有行动才能有成功。

♡—| 学 姐 寄 语 |—♡

　　每个人都有自己的人生，无论是贫穷的，或是显赫的；无论是幸福的，或是凄苦的。在这段生命的旅程中，唯一相同的就是每个人都怀着对未来的美好希望，对人生理想的追求和向往。青少年，为了你们的梦想，开始行动吧！

欲望放飞人生的梦想

人的一生中有很多选择的机会，包括选择自己的梦想。而这些又会或多或少地影响着我们的人生，每一个选择都是人们潜意识里使自己满意的那个结果。那就是我们常说的欲望。它是想得到某种东西或想达到某种目的的要求。而人们要想达到自己的梦想，就需要欲望这个发动机的启动。总而言之，梦想是欲望的载体，欲望是梦想的发动机。

青春期，是青少年充满欲望的旺盛时期。成长中的你们，对周围世界的好奇，激起了你们心中无数个梦想。而这些梦想，需要借助欲望的动力去实现。

◆ 欲望、人生与梦想

提到欲望，人们不禁问到：欲望是什么？有人说欲望就是人生，有人说欲望就是梦想，有人说欲望就是一种捉摸不透的意志。不管它是什么，它就是燃烧人生激情的火把。

有一个乞丐，在凄冷的黑夜中行走着，饥饿、寒冷、倦意侵袭着他。

当他经过一个餐厅的时候，看着里面吃得正香的人们，嘴不自觉地动了动，这时他想如果有一块面包多好啊；当他经过一个宾馆的时候，这时他想如果有一张床就够了。想着想着，就

| 智 | 慧 | 心 | 语 |

只要我们能有梦想，我们就能实现；只要我们对梦想报以极大的欲望，欲望便可提升实现梦想的那股热忱。

——题记

走到了一个路灯的下面，他看着对面万家灯火的豪宅，心里有了想要一间房子的欲望。面包、床、房子，对于他而言，是一个梦想。这时，他的心中就像海浪一般翻滚着，浑身充满了力量，他对自己说："为了我的面包、床、房子，我要去工作，不再过流浪的生活。"几年之后，他在路灯对面的地块买下了自己的一栋豪宅。

乞丐希望每天多点人的施舍，打工仔希望能多拿点工钱，企业希望多赚钱，从政的希望能升官，明星希望天天有粉丝追捧……其实，人人都有着不同的欲望。

德国著名哲学家叔本华说："人生就是一种欲望，当这种欲望得不到满足时，就变成了一种痛苦；当欲望得到满足时，就变成了一种无聊。所以，人生就是在痛苦和无聊之中挣扎。"由此可见，欲望是不可忽视的。

青少年面对着繁华的世界，喧闹的人群，激烈的竞争氛围，心中是无法平静下去的。因为你们的好奇，会在心中形成无数个或好或坏的欲望。有欲望，不是不好，这是好现象，这是激发你们学习、生活、实现梦想的动力。怕的就是，懵懂的你们分不清欲望的好坏，因为世界是复杂的。在欲望面前，保持好清醒的大脑，有着明智的抉择，是很重要的。因为欲望、梦想，造就着你们的人生。

欲望分很多种，人们一般把胜利者的欲望描绘成理想的蓝图、成功的基石，却把失败者的欲望勾勒成野心和阴谋，于是生命在欲望中诞生，又在欲望中消逝。

每个人都有自己内心的欲望与梦想，这也是积极的人生态度的具体表现。因为心中有了欲望和梦想，所以我们才去不懈的追求，因为心中有了梦想，所以我们感觉追求的过程是快乐的。欲望不仅是动机，它还一直充满着实践的全过程，因此欲望在于动机、过程、结果的高度统一。生命就是一团欲望，欲望的过程构成了人生，欲望的结果则成了人生观，生命因此就在欲望中冲击、调和、飞升。

人生不可以没有欲望，人生不可以没有梦想，人生不可以没有追求，人生不可以没有激情。生活给予了我们意想不到的幸运与不幸，对于未来，无论前方的路有多少坎坷和磨难，我们都要勇往直前地去追求，幸运和不幸都是一首耐听的歌。处于学习期的你们，难免遇到些暂时的困难，可这些挡不住你们奋发向上的人生追求。

◆ 欲望是梦想的发动机

欲望是梦想的发动机，是走向成功的加速器。而成功，首先是需要想象出来的，这就形成了成功的梦想，继而就有了实现梦想的欲望。处于成长中的青少年，你们何尝不想迈向成功的巅峰，何尝不想让自己的梦想成真？而这些就是让你们行动起来的欲望。

回过头来，看看这些成功人士的道路和人生感悟，就明白欲望对成功来说，起着多么重要的作用。无论是纵横商海里的商人，还是演艺界的大腕，他们都对成功有着特殊地看待，这种看待就像一团燃烧中的欲望之火。

有一位年轻人，在29岁的时候就已经拥有了几千万元的资产。一位记者曾采访他，问到："在成功的道路上，你是怎样看待它的？"这位成功人士笑了笑说："从我拥有成功这个梦想开始，我就把它看得像自己的腿、像自己的心脏一样重要。只有这样，才可以让欲望之火燃烧得更有激情，奋斗的毅力才会更坚定。"记者被他的话震撼了。在人的道路上，只有把心中的梦想看得如生命一样重要时，无论是什么事情，我们都可以做到的。

的确，人生在世，把自己的事业、自己的梦想看得比呼吸还要重要，这是成功者火一般强烈的成功欲望。他们可以停止呼吸，但不可以停止思考如何去成就他们的事业，去实现他们的梦想。当一个人拥有强烈的成功欲望时，就会把心中的意念时刻集中在一个目标上。世界上不管什么事情，只要大家长期专注在上面，就能获得成功。

这些名人之所以能够成功，是因为他们知道，一个人即使没有能力、没有资金、没有人际关系、没读过大学，没有任何的资源，只要心中燃烧着成功的欲望之火，就一定能想出办法来，变弱势为强势，变没有资源为最大的资源，变不可能为可能。这种强烈的成功欲望，是什么也阻挡不了他们前进的步伐。

亲爱的青少年，考上重点高中、名牌大学，是你们每一个人学业上成功的梦想。而这个梦想需要心中的欲望来启动，来激起那股拼搏奋斗的动力。假如你们没有实现梦想的决心和勇气，没有排除万难、绝不气馁的精神与坚定的信念，没有疯狂得不可思议的目标，没有成功的炽热欲望，即使给你们一千种方法、一万条道路，都是没有用的。你们依然会找出一万零一个借口，来证明自己不会成功。

♡—| 学 姐 寄 语 |—♡

有名人说，如果说成功等于欲望加方法，那么欲望则占100%，而方法，只是强烈的成功欲望所派生出来的产物。亲爱的青少年朋友，欲望就像火焰，它可以熔化整个世界；欲望就像火箭，它能够把你快速送达目的地；欲望就像装在体内的发动机，让你的梦想装满油—全速起飞！

梦想离我们并不远

梦想不是随便说出来的，不是凭空想象的，更不是虚幻的。梦想，是追求人生更高境界的一种动力，是为了明天的希望而奋斗的一个目标。你的梦想可以无限地大，也可以对于暂时的你来说，是遥不可及的。它是否虚幻，都取决于人们怎样去看待，怎样去理智地拥有。正如罗伯特所说，昨天的梦想就可以是今天的希望，并且还可以成为明天的现实。

◆ 梦想离现实有多远

每个人都爱做梦，希望把自己太多太多的梦想寄托于自己的梦乡里去。梦醒了，梦想也就没了，儿时的人们总认为梦想是虚幻的，这一切都犹如一个个气泡，也只局限于那一个个看似漂亮的五彩的气泡。气泡徐徐地升起、消失，这美的画面在一时间呈现，是真的。可是，徐徐升起的气泡也会破灭，也会消失。

一个10岁的青少年因为考试不及格被老师留下了，老师给他大谈人生的梦想。这时，他问他的老师：梦想离现实有多远？他老师回答道：这是人人都想急需得到的答案。当一个人有了梦想，时刻地为这个梦想奋斗拼搏，直至梦想成真，答案就是——梦想离现实近在咫尺；当一个人有了自己伟大的梦想，却迟迟不见行动，只见

| 智 | 慧 | 心 | 语 |

很难说什么是办不到的事情，因为昨天的梦想可以是今天的希望，并且还可以成为明天的现实。

——［美］罗伯特

大肆地吹捧梦想的辉煌场景，直至梦想破灭，答案就是——梦想离现实相差甚远。不同的人有不同的梦想，也有着不同的结果。这个青少年听了老师的话，明白了其中的道理，带着自己的梦想不断奋斗拼搏着。

每一个梦想的破灭都是人生的一种体验，都是成长路上留下的痕迹。如今的青少年，都满怀着梦想和抱负。但是，很多人却总认为自己的梦想是气泡，瞬间就会消失，与现实远隔千里。这样的想法是不对的，如今的你们需要的是要有一对挺拔的翅膀，一对能带着梦想尽情翱翔于无尽的天空的翅膀，因为只有一对有力的翅膀才能让你们飞得更高更远，离现实更近一步。

也许，年少的你们一直在努力地编织着属于自己的那个梦，有过追求，有过欣喜，有过失落，但始终都无怨无悔。有许多已经破灭了，但还有更多的梦等着你们去实现，去完成。只要坚信自己的信念，这个梦想就会永远属于你。

也许，你们会说我们一直在寻找可以让梦起飞的地方。一架飞不上天的飞机永远只是一具模型，藏在心里的梦再完美也只是虚空，我们要的是一块安静的土地，一片纯净的天空，可以种下我们的心愿，放飞我们的梦想。的确，找到梦想起飞的地方不容易，何时可以找到，今生能否找到，没有人可以给你一个确定的答案。

人一生中，活着不就为自己的那点追求在忙碌奔波吗？用我们一生的时间坚持不懈地去找，全心地去找，即使我们找不到，我们的人生也不会

存有遗憾了。没有人不想不让自己的梦想飞在蓝色的天空上，飞到海和天的交界处……虽然人生中有许多梦想都不可能成为现实，但是，想象着有那样美好的一天到来，对现在所做的一切来说，我们也会无怨无悔。因为我们知道，没有梦想就一定不会成功。

梦想不是一瞬间就可以"做"出来的，是要用自己的心去慢慢编织的，是用自己的汗水去浇灌的，是用自己的毅力去支撑的。梦想不是断了线的风筝，梦想是实实在在地握在我们自己手心中的。梦想不是虚幻的，是属于我们自己的。

◆ 梦想、行动与现实

梦想是什么？是一种渴望，是一种期待。每个人都有属于自己梦想的舞台，相信自己，用行动证明自己，梦想就会靠近现实。有人曾把梦想比喻为一艘小船，用力划桨，小船才会飘动，离岸的距离才会越来越近。梦想，需要靠行动架起桥梁才可接近于现实。

有位名人说：梦想是人类生活中的一种调味剂，让灵魂不会在沙漠里被枯萎。人类因梦想而伟大。可是，梦想不是人们想象的那么遥不可及。其实，梦想与现实的距离只相隔一层纸。人类不也飞上了月球？不是也在现实当中有哥伦布环绕着地球航行了一圈？梦想的实现，离不开行动。这些伟大的梦想，之所以可以一一实现，是因为人们抓住了它，懂得用自己的行动去征服它。

生理学和医学诺贝尔奖获得者巴雷尼，小时候因病成了残疾，其母亲受打击很大，同时也给生活带来了很大的不便。这时候的他，就梦想自己一定要考上最好的医科大学。

刚开始，幼年时的他不能从内心接受自己残疾这个残酷的现实。这时，坚强的母亲就时刻给他鼓励和帮助，时刻告诉他，说："孩子，你是个有志气的人，妈妈相信你，希望你能用自己的双腿，在人生的道路上勇敢地走下去！"母亲的话，像铁锤一样撞击着巴雷尼的心扉，他"哇"的一声，扑到母亲怀里大哭起来。

　　从那以后，巴雷尼就怀着这个梦想和妈妈的话，开始了自己的人生。对于目前的他来说，第一步就是要行动起来。每天早上，巴雷尼起来练习走路，做体操，还不忘记学习。就这样，在妈妈的帮助下，他战胜了残疾带来的不便，经受住了命运给他的严酷打击。最后，他用自己的行动和汗水换来了维也纳大学医学院的通知书。

　　他实现了他的梦想，他发现梦想其实离我们并不远。在以后的人生道路上，他并没有停止努力，而是用全部精力，致力于耳科神经学的研究。最后，终于登上了诺贝尔生理学和医学奖的领奖台。

　　他的故事在告诉你们什么？还处在梦想迷途中的青少年，现实与梦想的距离，并不是简单固定的一种距离，它像一根有弹性的绳子，从这一头到另一头可远也可近。行动才会使梦想与现实的距离一点点转化为零。

　　生活中，梦想并不是人们想象的那么虚幻。其实，它与现实是那么近，近得只要一个动作，一丁点的积极想法，就可以决定了它们距离的遥远程度。

♡—| 学 姐 寄 语 |—♡

　　作为当今的青少年，一定要有自己的梦想自己的追求。殊不知，没有梦想的人生是多么空虚，没有梦想的生活是多么的无趣，没有梦想的世界是多么空洞。梦想不是凭空地想象和勾画，是需要付诸行动和汗水的，是需要靠智慧赢取的。

奋斗，搭起生命与梦想的桥梁

人应该怎样活着？对于这个不再新鲜的话题，许多志士仁人都曾经回答得十分洪亮和铿锵有力，并且他们的答案也是出奇的一致，那就是：奋斗。歌德说过这样一句话："只有这样的人才配生活和自由，假如他每天为之而奋斗。"对于青少年来说，奋斗也是贯穿你们一生的事情，且不说是为了报效祖国之类的话，仅从自己有限的人生来讲，每个青少年就责无旁贷。

青少年正拥有着蓬勃的青春，这好比拥有资源丰富的宝藏，只要努力开掘，就能发掘无数珍宝，相反却只能拥有一片荒地。正如李大钊说的："青年之文明，奋斗之文明，也与境遇奋斗，与时代奋斗，与经验奋斗。故青年者，人生之玉，人生之春，人生之华也。"

◆ **人生就是奋斗**

有人说：人生像诗，像画，像梦；有人说：人生像云、像雾、像风；也有人说：人生是信任、是理解、是忠诚……然而，人生更是探索、是进取、是奋斗。只有奋斗的人生才是真正的人生！

生活中的每个人都有自己的座右铭，有的写在纸上，有的铭刻在心中，而年轻人的座右铭应该是"永远在追求之中"，追求自己向往的理想——人生奋斗的目标。人生是有限的，如何顺利达到目标，仅仅依靠蛮干是行不通的，还得依靠一定的谋略。一个善于奋斗的人，往往把奋斗途径规划放在首位，选择好则事半功倍，选择不好则事倍功半。其实，无论是咿咿呀呀学语，还是上学求知，无不留下了我们奋斗的足迹。生病的时候，我们得与疾病作斗争，健康的时候，我们得为生存、为前途奋斗。这是摆在我们每个人面前的无可回避的问题。

| 智 | 慧 | 心 | 语 |

生命是不倒行的，也不与昨日一同停留。

——[黎巴嫩]纪伯伦

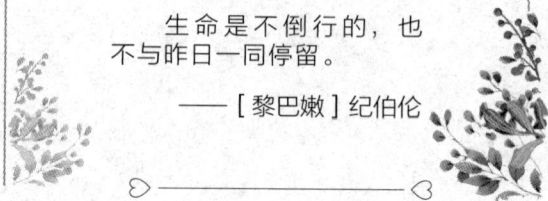

作家海伦·凯勒，一位自强不息的伟大女性。在她 19 个月大的时候，一场突如其来的怪病，改变了她的一生。病愈后，她失去了听力和视力，由于当时还太小，所以开口说话的能力也渐渐消退。人们实在无法想象，这样一个集聋、哑、盲于一身的女孩，如何来面对她以后的人生。然而，海伦·凯勒却用她的自强不息给全世界的人们都上了生动的一课。在她和蔼可亲的家庭教师——安利·沙利文的耐心指导和教育下，海伦克服了常人难以想象的重重困难，不仅学会了说话和写作，与人沟通和交流，还渐渐有了自己对人生的理解，最终在世界名校美国拉德克利夫学院毕业。在医学的年鉴上，海伦是第一个学会语言交流的盲聋哑儿童。

长大后的海伦开始致力于盲人的教育工作，她一生创作了大量作品，共有十四部著作，处女座《我的生活》一经发表便在美国引起了巨大轰动，甚至被称为"世界文学史上无与伦比的杰作"。1959 年，联合国还专门设立了"海伦·凯勒国际奖"，1964 年，又为她颁发"美国总统自由奖章"这一殊荣。海伦用她的实际行动向全世界人民证明了她的成功，赢得了所有人的尊敬。

海伦·凯勒一生中都在奋斗着，她要让自己的人生活得有价值、有意义。

当前青少年的学习就是一种奋斗，为将来事业的兴盛奠定基础的奋斗。青少年要想取得成绩，就必须努力奋斗，要有"读万卷书，行万里路"的奋斗思想。而成功与失败总是如影随形的，成功是在历经无数失败后才获得的。

西谚里说过："年轻的本钱，就是有时间去失败第二次"。青少年拥有了人生最大本钱，有何理由不去奋斗呢？对你们来说，人生才刚刚起步，而敢打敢拼才是最佳的选择。相反，如果一个人终日无所事事，不去奋斗，没有追求，就会停滞不前，而人类社会的长河总是滚滚向前奔腾着，正所谓逆水行舟不进则退，不去奋斗的人势必会落后于时代，会遭到社会的淘汰。

"人生就是奋斗"，虽然不是每一个人都会成功，但只要努力奋斗过，不论成功与否，我们的人生就是无憾的人生。

◆ 敢于奋斗，更要善于奋斗

理想，是人才成长的灯塔；立志，是人才成长的阶梯；奋斗，是人才成长的道路。生命有着起点，奋斗有着开端；生命有着尽头，奋斗没有终点。劈开荆棘蒺藜，无视艰难险阻，永不停息，勇往直前！目标一旦确立，就应该为之奋斗不息，而不是知足常乐，知足就是止步不前，就是自甘落后。

作为一个敢于奋斗的人，首先要学会独立，不要任何事情都指望别人给你扶持和施舍，那是懦弱和无能的表现。

吴言12岁的时候，第一次去9公里以外的一所中学读书。除去沿途崎岖不平的山路不说，仅这9公里的距离就让父母放心不下。因此父母准备送孩子去学校，可在临走前，70多岁的爷爷一脸严肃地说："言言都这么大了，现在还不学会独立、自己奋斗，那他以后的人生路你们是不是也要替他走了？"吴言听了这句话非常气愤，于是一赌气就独自去了学校……随着吴言一天天长大，学校与家的距离也越来越远，他渐渐明白了爷爷的良苦用心。所以，不论背井离乡的日子多么艰辛，也不论学习多么困难，他都把爷爷说的"人生要自己去奋斗"铭记在心，直到最后成为村子里第四个大学生，在独立的天空恣意挥洒人生。

敢于奋斗的人绝不是死打硬闯。尽管人们平时讲奋斗需要一股拼劲，但有时候还得灵活变通。就像两只爬墙的蚂蚁，第一只选择了一堵坡度很大的墙面，结果它总是爬到一半的时候就掉下来，最终只能面对着墙自发遗憾了；而另一只蚂蚁则选择了一堵坡度较小的墙面，虽说离目的地有点远，却顺利爬了上去。现实生活也是一样，在选择自己的奋斗方式时，要仔细分析自己的优势和劣势，根据自己的实际情况选择最佳的奋斗途径。

"人生就是奋斗"，这句话既带有总结，又带有激励。在漫长而又短暂的人生路上，不能懒散，不能随波逐流，必须永不停歇地奋勇前行。只要不断去拼搏，总有一天会成功的，即使没有达到理想的目标，你也是成功的。诗人汪国真曾说过："也许你永远达不到那个目标，但因为这一路风风雨雨，使你的人生变得灿烂无比，变得充实无比。"因此，每个立志成才的人必须脚踏实地、一步一个脚印地艰苦奋斗。理想属于明天，现实属于今天，开辟一条到理想境界的道路，要靠辛勤劳动、艰苦奋斗，是使事业获得成功的一条普遍规律。

♡—| 学 姐 寄 语 |—♡

　　青少年朋友们，青春属于你，激情属于你，你拥有明天，但是明天如此的短暂，短暂到百年弹指，人生如梦，过眼云烟，若要此生不虚度，何从？唯奋斗使然。人在少年时期，除了受父母的保护，师友的指导外，就得与寒暑奋斗，与疾病奋斗，若家境贫寒，就得与生活奋斗，不在于时间上的多少，只在于你付出多少激情。

给自己建造一座人生的灯塔

有人曾把人生比作汪洋上的一次航行，那梦想便是掌舵者用心灵在远方建造的灯塔，无论前途多么艰险迷茫，它都会为其指明方向，最终使其登临彼岸。没有梦想的人生不是人生，因为人们没有生活的目标。有梦想才有了奋斗的目标，才会不懈地向目标前进，才会创造出灿烂的人生。

◆ 梦想，指引人生的灯塔

曾在一个中学生的作文上看到：梦想，是伫立在夜雾茫茫的大海上的一座灯塔，若隐若现，时明时暗，照着我们的人生航程。梦想，人生的灯塔。在人生中，如果没有一座灯塔来为我们的生活指引前行，那样的生活好可怕。

青春年代，你们踏着青春的步伐一路走来。而生命，以不断出发的姿势得到重生。为某些只有自己才能感知的来自内心的召唤，走在寻找梦想的路上，无法停息。

美国总统林肯曾说过：自然界里的温泉的高度不会超过它的源头，一个人最终能取得的成就不会超过他的梦想。的确如此，如果在青春的路途中，没有梦想为大家指引前行，那你们

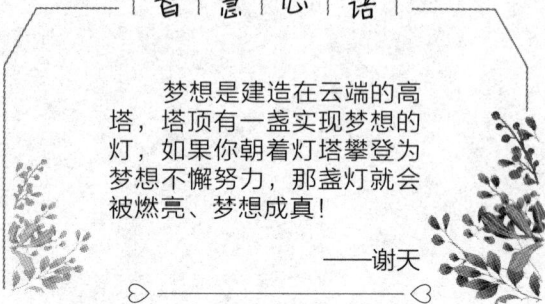

| 智 | 慧 | 心 | 语 |

梦想是建造在云端的高塔，塔顶有一盏实现梦想的灯，如果你朝着灯塔攀登为梦想不懈努力，那盏灯就会被燃亮、梦想成真！

——谢天

就犹如从树上飘落下来的最后一片枯叶。在西风残照中孤零零地漫无目的地乱舞，又何谈走得远，飞得高呢？一个没有梦想的人生，前途是渺茫的，如茫茫大海上的一艘没有航标的小船，漫无目的。

处于青春岁月的你们，在这繁华的世界里，你们容易被日常生活的忙碌所捆绑住，让那些无数细小而琐碎的事情，扰乱了你们的双眼，模糊了你们的视线，凝滞了你们前进的脚步，绊住你们刚刚起步的人生。这样没有远大梦想导航的生活，没滋没味，空白的如张白纸。

对于你们来说，拥有太多五彩斑斓的青春，是上天的一种恩赐，也是自己争取的结果。可是，其中难免会有破灭的伤痛，然而它并非是阻碍你们前进的障碍。它让你们学会的是面对，面对人生的不如意。生活之路不会永远平坦，穿梭其间的曲折坎坷要你们自己去走下去。在青春飞扬的日子里，经历一场由幼稚到成熟的蜕变，纵然会有疼痛和伤感，仍要坚持走下去，走在寻找梦想的路上。因为青春是生命中的淡淡柠檬草，心酸里有芬芳的味道。

法国作家罗曼·罗兰说过：人生应有两盏灯，一盏是希望之灯，一盏是理想之灯。青春年少的你们，就让这两盏灯指引你们前行吧。否则，你们的生活永远不会有变化，你们永远也不可能变成某种崭新的东西。你们也将被无边无际的黑暗湮没向上的渴望，被漫无边际的绝望封锁萌动的激情。在阴霾与麻木中迷失方向，亲手葬送掉自己的青春。青春时代的你们，不能为一时的曲折阴霾而停滞行走的脚步。要用梦想充实明天的行囊，走

出一条属于自己风采的人生之路！

梦想，人生的灯塔，在人生的道路上指引着你们前行！

◆ 梦想的灯塔，是自己建的

很多青少年问这样一个问题：梦想就真的不能那么容易实现吗？对，梦想不是随便达到的目标。在人的一生中，只有经历种种磨难后，才会明白成功的艰辛，以及梦想实现后的那种甜甜的滋味。人们才会懂得倍加珍惜，才会不断奋斗！明天不一定会更好，但是更好的明天一定会到来！你们还年轻，未来的日子还很长，你们离成功其实只差一步之遥，你们的梦想就在前方等着你们！

你们要记住：失败并不可怕，只是我们还没爬到成功的塔顶，还没有点燃我们的梦想之灯。那么，我们所要做的就是，还要继续向上爬，勇往直前去点燃梦想的灯！在生活中，同学们不必和别人比高低，更不必瞧不起自己。既然你们是一个完整的生命，就应该拥有自己生命的辉煌。但是，那辉煌不是别人给予的，而是自己创造的。

有这样一个感人的故事：一个山区的女孩子，为了可以走出大山，为了实现自己走上教师讲台的梦想，经历了一段辛酸的路程。她就叫王雪。

从小就长在贫困山洼里的王雪，天天盼望自己可以长大，背上书包去读书。可是，就在她终于盼到了上学的年龄，就在她背着书包准备迈出家门的那一刻，被她的母亲挡住了门口，这深深地伤害了她幼小的心灵。

但是，小王雪不气馁，流着泪一再苦苦哀求。母亲心软了，终于答应让女儿去上学了！她就用这个梦想一直在支持着自己，支持自己说服母亲的想法。

从这以后，小小的王雪第一次尝到了人生的艰辛。她每天要起得早早的，走40多公里的山路。陪伴她的，是她亲手缝制的布书包，还有那本十几个人用过的珍贵的旧课本。坐在稻草捆上，用着泥土制成的小桌，王雪感到无比的温暖。当她拿出那本旧课本时，几个小伙伴争先恐后地向她借。可是，每个人都是小心翼翼地拿起来翻看，又小心翼翼地送还给她。

就这样，她珍惜上课的每一分每一秒，记住老师上课说过的每一句话。冬天的天气总是特别冷，外面的雪花像鹅毛一般飘落下来。坐在教室里，王雪的小脸冻得发紫，浑身冷得直打哆嗦，手中始终紧攥着一支不如小拇指长的铅笔，认真地抄写着老师在"黑板"上写下的每一个字！她的刻苦和艰辛，她的汗水、泪水，绽放出一个又一个生命之花。她因为自己的坚持和信念，为自己建立了一座指引人生的灯塔——梦想！

♡—| 学姐寄语 |—♡

无论你是城市的孩子，还是农村的孩子；是家境富有的孩子，还是家境贫困的孩子；无论是身体健康，还是身有残障，只要你拥有梦想和行动，你就一定能像小王雪那样怀着心中的梦想去登上自己心中的"顶峰"；你们人生顶峰的高度，取决于你自己心中目标的高度；人生价值的大小，不取决于分数，不取决于别人如何看待你，而是要用你的梦想和行动去衡量。

让想象为理想插上翅膀

在我们身边会经常听到这样一句话："不怕做不到，就怕想不到。"想象是人生来就有的天赋，是不可预测的，但人类又不能不去想象，古时人们要飞鸽传书，如今有了网络，有了 E-mail，这都离不开人们的想象力，要实现心中的梦想离不开丰富的想象。

通常情况下，人类许多奇妙的新观念和主意常常是由想象的火花首先去点燃，然后运用某种手段，再加上不懈的努力去实施，以一颗持久的心去面对，终得所愿，实现自己的目标，这就是理想。想象与理想是感性与理性的化身，想象能给科学以灵感和启迪，理想是科学前进的动力，只要有想象的光芒照耀，人们就会遇事百折不回，以达到最终目标。

◆ 想象力是人类创新的源泉

爱因斯坦曾经说过："想象力比知识更重要，因为知识是有限的，而想象力概括世界上的一切，推动着进步，并且是知识进化的源泉。"由此可见，想象力是智力结构中一个富有创造性的因素。加强想象力的培养，是培养学生创新精神、成就理想的一条重要途径。

英国一名穷学生成立网上广告版，他以1美元1像素的价钱卖出栏位供人宣传，结果短短四个月就将自己设计的网页格子全部售出，一跃成为百万富翁。

后来，这位"神奇小子"又有新创意，方法依旧，但广告价钱上升一倍，但是浏览者有机会中奖100万美元。

据了解，这位"穷学生"从小就有很多精灵古怪的想法。他的这种奇思异想让他成为一个知名人。有时候，奇思异想是一种特有的生存智慧，处处能产生出奇制胜的效果。

可见，创新需要奇思异想，人类每次伟大的创新背后必定有一个完善的创新体系，有一条长长的创新生态链。在人类史上，如果没有奇思异想的话，那我们的生活就会变得枯燥无味。

是什么让人类发明了电脑多媒体？是什么让人类发现了科学的定律？是什么让人类的文明越来越辉煌？是什么让世界越来越美好？是众多的奇思异想！所以，创造离不开奇思异想。

法国的一位生物学家曾说过："构成我们学习最大障碍的是已知的东西，而不是未知的东西。"人只有大胆地去幻想，才能提出独到新奇的见解，而已知的东西，只能让人的大脑局限于所了解的，束缚了大胆的想象。

据科学研究发现，一般人在日常生活中，只被动的用了大脑中15%的想象力。而科学家之所以具备丰富的想象力，就是因为这些人大脑中的想象区经常处于一种兴奋状态，善于构思，才创造出推进科学发展的新生事物。

牛顿说过："没有大胆的猜想，就做不出伟大的发现。"也正是这样，所有的理想、荣誉、成就、都源于创新创造，而创新和创造首先都要依赖于想象力，正如一位名作家说的：人类一切创造性的活动，都是以想象为支柱的。

作为在校的中学生，正处于智力发展日趋成熟的时期，创造性想象力发展速度很快，并善于将创造想象与创造活动联系起来，这正是培养学生想象力的"黄金时期"。

◆ 驰骋想象，任理想展翅飞翔

人类的想象力是非常伟大的，这也正是与其他物种相比，人类能够飞速发展的根本原因。因为有了想象力，我们才能发现新的事物定理，创造出更多的物质财富。如果没有想象力，人类将不会有任何发展与进步，也不会有什么理想、目标。

爱迪生之所以有上千种发明，其根本原因就是他能保持一颗幻想之心；牛顿由一个苹果落地，而想到地球的万有引力这一重大发现，同样是因为有了想象力。

我们人类的祖先，在很久以前过着茹毛饮血的生活，吃的全是生食。一次闪电烧毁了大片的森林和动物，饥饿难耐的人类祖先，为了填饱肚子，就跑来吃那些被大火烧熟的动物。竟然发现很好吃，所以我们的祖先就通过这些想到了怎样才能保留火种；怎样才能取暖；怎样才能利用火，之后又开始想象创造文字、语言等。能力的增加更加激起人类的想象力，开始了新的探索之路。

电话的发明者贝尔，年轻的时候就跟随父亲从事聋哑人的教学工作。后来，他成为美国波士顿大学教授，他在与别人发电报的过程中，萌发了利用电流将人的说话声音传向远方，使远隔千山万水的人如同面对面交谈的念头。

这个"奇思异想"在他脑中盘旋了很长时间。后来，一个偶然的机会，他实验室的一个弹簧粘到磁铁上了，他拉开弹簧时，弹簧发生了振动。据此原理，后来他发明了电话。

青少年朋友们常常看到伟人发明创造的神秘之处，却不知道许多伟人的伟大发明创造都是建立在想象的基础上的。其实，我们每个人身上都天然具有这些"想象"的潜能。创造是人的天性，只要我们具有良好的心态与勤于实践的习惯，就可能会有所发明创造。你们要养成善于观察、善于想象的习惯，让自己的理想在想象的天空里飞翔。

♢—| 学姐寄语 |—♢

人们如果失去了想象力，人类也无法进化。有人认为，想象力是"照亮开往未来的大道，调查通往未来的线索的指针，并对计划走此路线的人提供了最佳的指导方法"。因此，人的想象思维是走向理想之路的标码，只有尽情地发挥自己的想象力，才能尽快地实现自己的心中之愿。

季羡林：让虚荣心变成进取心

大咖故事会

季羡林是我国著名的古文字学家、历史学家、东方学家、思想家、翻译家、佛学家、作家，精通12国语言，曾任中国科学院哲学社会科学部委员、北京大学副校长、中国社科院南亚研究所所长。

2008年3月10日，在北京解放军总医院，97岁的季羡林接受了中央电视台记者的采访。记者问了一个有趣的问题："您的著作和译作，已经有上千万字，大家都认为您是个不平凡的人，可您多次说自己少无大志。您是怎么实现了由少无大志到有了志向的转变呢？"

季羡林先生在谈话中谦和、耐心且比较详细地回忆了自己的转变。

他说，自己小时候不喜欢念书，非常贪玩，最大的乐趣是在济南大明湖边钓鱼、钓虾、钓青蛙，最大的梦想则是当一名绿林好汉。为此，他还偷偷练过铁砂掌。

他考试时成绩虽然不错，在全班争状元也很有希望，可却对当状元一点兴趣都没有。这一辈子究竟干什么，他也从来没有想过，只是懵懵懂懂地觉得，自己是一个登不得大雅之堂的人，能混上一个小职员，也就心满意足了。至于当什么学者，更是不沾边儿。

他根本不知道天地间还有学者这一类的人物。小学毕业后，他连报考重点中学的勇气都没有，可见懦弱、自卑到什么程度。

但是，人的想法是能改变的，有时甚至是180度的转变。他的这一次改变，既不是由于坐禅打坐顿悟而来的，也不是由于天外飞来的什么神力，而完全是由于一件非常偶然的事情。

那时他在北园高中读书。北园高中是附设在山东大学之下的，所以其校长由当时的山东大学校长、山东省教育厅厅长王寿彭兼任。高中一年级第二学期的学期考试完毕以后，王校长要表彰高中六个班里的第一名，但各科的平均分数要达到或超过95分。表彰的奖品是王校长亲笔书写的一个扇面和一副对联。王校长名声显赫，除了因为他是大学校长和省教育厅厅长之外，还因为他有晚清状元这一光环，而且他的书法极其有名。因此，他的墨宝极具经济价值和荣誉意义，是很不容易得到的。

当时只有季羡林一人的平均分数超过了标准，是97分。所以，全校中只有他荣获了王校长的墨宝："才华舒展临风锦，意气昂藏出岫云。"荣获了这样的墨宝，当然算是极高的荣誉，因而对他后来的成长产生了十分巨大的影响。

他深有感触地说，这样的荣誉过去从未得到过，可谓来之不易。虽然于无意中得之，但是也不能让它再丢掉。如果下一学期考不到第一，自己这一张脸该往哪里搁呀！然而，就是这一点儿虚荣心，成了推动他前进的动力，促使他认真埋头读书了。俗话说："浪子回头金不换。"他成了回头的浪子。

季羡林这样总结道："我从自卑到自信，从不认真读书到勤奋学习，从少无大志到有了志向，促成这些转变的一个关键就是虚荣心。虚荣心恐怕人人都有一点儿，我的转变是虚荣心作祟呢？还是虚荣心作福？我认为是后者，是虚荣心变成了进取心。可见，虚荣心是不应当一概贬低的。用墨宝表彰学生可能带有偶然性，但王校长万万不会想到，一个被他称为'老弟'的15岁的大孩子，竟由于这个偶然事件而成为另一个人。"

经过了80多年的风风雨雨，经过了多少世局的坎坎坷坷，王寿彭校长的墨宝还一直珍藏在季羡林的家中。这墨宝见证了季羡林由少无大志到有了志向的转变，见证了让虚荣心变成进取心的难忘经历。

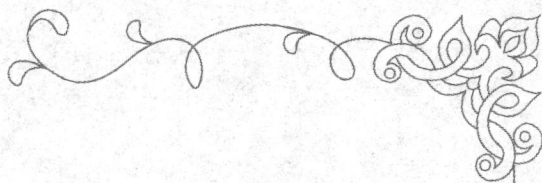

PART 02
努力也是一种天赋

　　"万丈高楼平地而起。"、"海不择细流，故能成其大；山不拒细壤，方能就其高。"每个成功者的成功都不是一蹴而就的，而是由很多小事和时间慢慢累积起来的。一个人想要做成一件大事，就不能看不起身边的那些小事。记住，只有每天努力一点点，把小事做好，把底子打硬，将来才能成就大事。

人生在世，事业为重。

——吴玉章

努力做事，方能至千里

"不积跬步，无以至千里"，是一句广为流传的哲理。这句话的意思是说，千里之路，是靠一步一步地努力后走出来的，没有一小步一小步的努力积累，是不可能走完千里之途的。引申开来，就是在做事时，只有脚踏实地，一步一个脚印，不畏艰难，不怕曲折，坚韧不拔地干下去，才能最终到达目的地。这是一句非常朴实而又饱含无限生机与希望的人生智语。

来看看下面这个故事。

大学刚毕业，强被分配到一个偏远的林区小镇当教师，工资低得可怜。其实，强有不少优势，教学基本功好，还擅长写作。于是，强开始一边抱怨命运不公，一边羡慕那些拥有体面的工作，拿优厚的薪水的同窗。这样一来，他不仅对工作没了热情，而且连写作也没有了兴趣。强整天琢磨着跳槽，幻想能有机会调换一个好的工作环境，拿一份优厚的报酬。然而，那天，发生在他身边的一件微不足道的小事，却改变了强一直想改变的命运。

那天，学校开运动会，前来观看的人特别多。小小的操场四周很快围

出一道密不透风的环形
人墙。他去晚了，站在
人墙后面，踮起脚也看
不到里面热闹的情景。
正在这时，身旁一个很
矮的小男孩吸引了他的
视线。只见他一趟趟地
从不远处搬来砖头，在

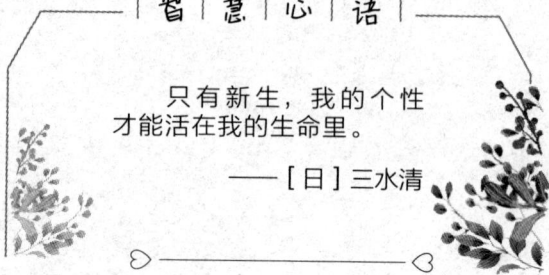

| 智 | 慧 | 心 | 语 |

只有新生，我的个性
才能活在我的生命里。
——[日]三水清

那厚厚的人墙后面，耐心地垒着一个台子，一层层，足有半米高。强不知道他垒这个台子花了多长时间，但他登上那个自己垒起的台子时，他笑得很开心，很灿烂，那是男孩一步步达到目标的喜悦之情。

刹那间，强的心震了一下——多么简单的事情：要想越过密密的人墙看到精彩的比赛，只要在脚下努力地多垫些砖头就行了。

只要是工作过的人都会有这样的感慨：在事业起步之际，我们可能会被分派到与自己的能力和经验不相称的工作岗位，直到我们向团体证明自己的价值，才能渐渐被委以重任和更多的工作。在太平洋两岸的美国和日本，有两个年轻人在为自己的人生努力着。

日本人每月雷打不动地坚持把工资和奖金的三分之一存入银行，尽管许多时候他这样做会让自己手头拮据，但他仍咬咬牙照存不误。有时甚至借钱维持生计，也从来不去动他银行里的存款。

相比之下，美国人的情况更糟糕。他整天躲在狭小的地下室里，将数百万根的K线（绘制图表时的一种画法）一根根地画到纸上，贴到墙上，接下来便对着这些K线静静地思索，有时他甚至能面对着一张K线图发几个小时的呆。后来，他干脆把自美国证券市场有史以来的记录搜集到一起，在那些杂乱无章的数据中寻找着规律性的东西。由于没有客户挣不到薪金，许多时候，这个美国人不得不靠朋友的接济勉强度日。这样的情况在两个年轻人的世界里各自延续了6年。

6 年的时光里，日本人靠自己的勤俭积蓄了 5 万美元的存款；美国人集中研究了美国证券市场的走势与古老数学、几何学和星象学的关系。

6 年后，日本人用自己在艰苦的岁月里仍坚持节衣缩食积累财富的经历打动了一名银行家。他从银行家那儿获得了创业所需的 100 万美元的贷款，创立了麦当劳在日本的第一家分公司，从而成为麦当劳日本连锁公司的掌门人。他叫藤田田。

同样是在 6 年后，美国人成立了自己的经纪公司，并发现了最重要的有关证券市场发展趋势的预测方法，他把这一方法命名为"控制时间因素"。他在金融投资生涯中赚取了 5 亿美元的财富，成为华尔街上靠研究理论而白手起家的神话人物。他叫威廉·江恩，世界证券行业尽人皆知的最重要的"波浪理论"的创始人。

藤田田靠节衣缩食攒钱起家，江恩靠研究 K 线理论致富。这两个看似风马牛不相及的故事中却蕴含着一个相同的道理：许多成就大事业的人，他们同样是从一点一滴的努力中创造和积累着成功所需的条件。

⊙—| 学姐寄语 |—♡

做一件事情时，如果能每天努力一点点，持之以恒，那么就能积小胜为大胜，变平庸为神奇，掌握成功的钥匙，实现人生的价值，创造辉煌的业绩。

从小事努力做起，才能得到发展的机遇

一位智者曾说过这样一段话，他说："不会做小事的人，很难相信他会做成什么大事，一个做大事的人，其成就感和自信心都是由小事的成就感积累起来的。可惜的是，平常人往往忽视它，让那些小事擦肩而过。"的确，生活中有许多这样的人，这也是许多人始终都没有得到发展机遇的原因。

我们来看下面这个故事。

汤姆是一个有着极强的个人欲望的人。他总希望自己能够尽快取得惊人的突破，写出划时代的论文或著作，以跻身于科学家之列，而且他也一直坚信自己的想法是高尚的、无可指责的。因为，他认为，有威望的大科学家，是国家和民族的骄傲。此外，他觉得自己具备这方面的天才与条件，只要上司能把自己安排到位，充分信任和理解，要想取得重大突破，虽然不是一件很容易的事，却也并不困难，只不过是时间问题。

由于汤姆总自以为是一个很高等的人，不去认真研究自己行动的真实性与可行性，结果，尽管上司替他三移工作，最后汤姆依然是到一处烦一处，走一处闹一处。因为，在他看来，让他拿烧瓶、烧杯，搞测量记录无异于用牛刀杀鸡，纯属大材小用。

单位里很多已经在科学战线上苦苦奋斗了几十年，目前两鬓染霜，成果累累（当然不是汤姆所设想的那种震惊世界之作）的老专家，依然默默地重复着在汤姆看来"没什么意思"的平凡工作。科学最讲究认真和不浮夸，任何重大的发明与突破，都离不开一点一滴的日常实验积累。成功只能孕育于千万滴汗水与千百次失败之中，而不可能出现在天才的梦想之中。这些十分简单、明显的道理，在汤姆看来都是老生常谈，他认为这是扼杀他这样一个天才的借口。

由于他的要求无法得到满足，上司的多次引导与解释又都被他认为是压制新生力量，甚至笑里藏刀，纯属另一种形式的打击报复，自己没什么发展机遇。于是，最后他不得不离开那个地方，到另一个可以施展才华的新研究机构去了。也许他认为，只有那些可以一展才华的地方才是他应该待的地方。但最后的事实是，他还是老样子。

一个人，若能一心一意地努力把每一件小事做好，那么就没有做不好、做不成的事。要知道，小事于细微处见精神，有做小事的精神，就能产生做大事的气魄。要记住，只要有益于工作，有益于事业，人人都应从小事做起。用小事堆砌起来的事业大厦才是坚固的，用小事堆砌起来的工作长城才是牢靠的。像汤姆这样不屑于小事的例子，在生活和工作中是数不胜数，也正是因为这样，生活中才有了平凡与著名、贫穷与富有之别。

法国银行大王恰科在读书期间，就有志于在银行界谋职。可是，当他去银行求职时，却总是接二连三地碰壁，但他在银行谋职的决心始终没有变，他一如既往地去银行求职。

那天，他再一次来到了那家最好的银行，"胆大妄为"地直接找到了董事长，并希望董事长能雇用他。然而，他与董事长一见面，就被拒绝了。

这对恰科来说，已是第 12 次遭到拒绝了。当恰科再一次失魂落魄地走出银行时，他看见银行大门前的地面上有一根大头针，便随手弯腰把大头针拾了起来，以免影响整洁和扎到别人。就是这个在别人看来微不足道的小事，却成就了他一生的成功。就在他默默蹲下身子去拾大头针时，被那家银行的董事长看见了。董事长认为如此精细小心的人，很适合当银行职员，所以，董事长决定改变自己最初的主意雇用他。恰科是一个对一根针都不会粗心大意的人，因此，他在法国银行界平步青云，最终功成名就。

弯下腰去捡一根大头针是举手之劳的事情，但是，并不是所有的人都能做到。也许你不会，所以你还是平凡的你，但是，恰科去捡了，结果，恰科成功了。

于细处可见不凡，于瞬间可见永恒；于滴水可见太阳，于小草可见春天。只有从小事努力做起，把每一件小事都做好了，才会有助于发展的好机遇来拥抱我们。

"无视小事，让人误大事；留意小事，让人成大事。"我们应该记住这则做人做事的良言，把生活和工作中的每一件小事努力做好。

♡ —｜ 学 姐 寄 语 ｜— ♡

在做一件事情时，切莫轻视细节和小事，因为事物都有一个由量变到质变的过程，我们要从身边的小事努力做起，只有把每一件小事做好，才会有更多的发展机遇。

把每一件小事做好

世界大文豪伏尔泰曾说过："使人疲惫的不是远方的高山，而是你鞋里的一粒沙子。"美国质量管理专家菲利普－克劳斯比也曾说："一个由数以百万计的个人行动所构成的公司，经不起其中1%或2%的行为偏离正轨。"而老子有云："天下大事，必作于细；天下难事，必作于易。"这些都说明，大事是始于小事的。

好高骛远的人，容易在人生道路上犯大错误。没有一个人可以不经过程而直达终点，不从卑俗而直达高雅，舍弃细小而直达广博，跳过近前而直达远方。胸怀壮志、目标远大固然不错，但目标好像靶子，必须在有效的射程之内才有意义，如果目标离自己的实际情况太远，反而无益于进步。同时，有了目标，还要为目标付出努力，如果只是空怀大志，而不愿为理想的实现付出辛勤劳动，那理想只能是空中楼阁，没有任何现实意义。

有许多人在寻找发挥自己本领的机会，他们在工作面前，常常会问自己："做这种平凡乏味的工作，能有什么出息呢？能有多大希望呢？"但就是在极其平凡的职业中，在极其低微的位置上，往往藏着极大的机会。

有一位农民在进山劳动时，捡到几只野鸡蛋，便将"蛋生鸡，鸡生蛋"的财富梦想变成了现实。这位农民在其坚定的"从小处做起，由小变大，由少变多"的财富增长信念的指引

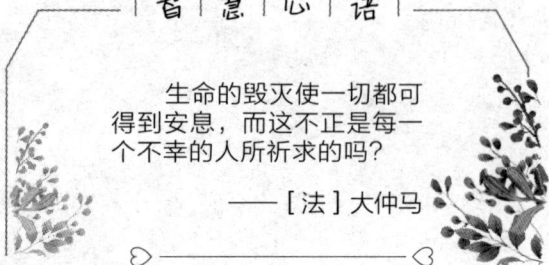

| 智 | 慧 | 心 | 语 |

生命的毁灭使一切都可得到安息，而这不正是每一个不幸的人所祈求的吗？

——［法］大仲马

下，在原本没有一分钱创业资本的情况下，凭着身体的热量，硬是将7只野鸡蛋孵化出7只小野鸡来。后来，又经过多年的鸡与蛋的再生繁殖，成功创立起了全国知名的野鸡饲养与观赏工场。他的个人资产将近百万元，并带动了当地农民养殖野鸡致富奔小康。

在生活和工作中，很多人总是感慨自己生不逢时，怀才不遇，得不到领导的重视，只能做一些不相干的小事，没有施展才华的机会。其实上天对任何人都是公平的，在小事面前，我们就是主角。在小事面前，我们最好的出路就是努力把它做好。用一件件的小事为自己积累资本，为成就大事做准备。

许多"凡人小事"，正是因为它们的"凡"和"小"，很多人常常不屑于去做。殊不知，走向成功的机会往往就蕴藏在这些不起眼的小事中。那些只希望做大事的人，容易因好高骛远、眼高手低而变得志高于才。

经理决定在杰克逊和罗伯茨两个人之间选择一个人做自己的助理。为了体现民主与公正，经理决定由全体员工投票选举。投票结果出人意料，杰克逊和罗伯茨的得票数竟然相同。经理犯难了，便决定亲自对两个人进行一番考察，然后再做决定。杰克逊和罗伯茨觉得这样做也很公平，都欣然同意了。

一天，经理在餐厅吃饭。用餐时，他看见杰克逊吃过饭后，把餐盘都送进了清洗间，而罗伯茨吃完后一抹嘴巴，便把餐盘推到了餐桌的一边，然后起身走了。

又有一天，经理很随意地走进杰克逊的办公室，只见杰克逊正在做下个月的销售计划，便问杰克逊："每次都是你亲自做销售计划？为什么不让下面分店的负责人去做呢？""是的，我总是亲自做销售计划，这样我既能从总体上把握，又能做到心中有数。再说，这样的小事就麻烦下面分店的负责人，我觉得也没有必要。"经理又背着手踱到罗伯茨的办公室，罗伯茨也正在看一份销售计划。"这是你自己做的计划吗？"经理问。"这样的小事我一般都让下面的分店负责人来做，我只管做大的销售计划。""那么你有成熟的销售计划吗？""这个……这个……我还没有。"

第二天，经理宣布杰克逊为自己的助理。

杰克逊之所以能当上经理助理，主要得益于他不放过任何一件小事，也不小看任何一件小事，并且能认真地做好每一件小事。

◇—| 学 姐 寄 语 |—◇

要看一个人生命的质量如何，将来成功的概率有多大，只要看他在小事上的态度就可以了。如果他不能在小事上做好做细，没有认真踏实的心态，在遇到小事时总是感到烦躁，那么他成功的希望也会非常小。因为所有的大事，都是始于对小事的努力和认真。

努力做好简单的事，才能成就不简单

　　一个人要想将来有所作为，就一定要从今天的小事做起。如果说连最简单的事情都做不好，那么就不可能做好大事，更不可能成就一番大业。即使是最简单的事情，也要做到最好，只有这样，我们才能为以后做大事、成大业打下良好的基础。

　　20 世纪 90 年代，电影《唐伯虎点秋香》在香港开拍。拍摄场上刀光剑影，血雨腥风，好一场恶斗。恶斗之后，片场上留下一具"尸体"。那"尸体"躺在地上没有起来，周星驰走上前去踢了他一脚，意思是叫他起来，他没有动；再踢一脚，他还是没有反应；周星驰又拿起手中的道具霸王枪，对准他的大腿连戳两枪，哪知"尸体"还在原地一动也不动。周星驰慌了，以为演员发生了意外，赶紧叫大家停下来，导演大喊一声"停！"周星驰忙去扶"尸体"，谁知"尸体"却突然睁开了眼睛，活了过来！周星驰很气恼，问他："你刚才怎么一动也不动？吓我一跳！"有人提醒他，赶紧向星爷认错，不然你的饭碗就要砸了。"尸体"却并没有认错，而是抹去脸上的泥巴，说："我演的是死尸，导演不喊停，我是不能动的。"

生命的用途并不在长
短而在我们怎样利用它。
许多人活的日子并不多，
却活得很长久。

——［法］蒙田：《随笔集》

演尸体的演员是田
启文。他凭借在片场的
优异表现，被周星驰一
下看中。在此后周星驰
演的很多电影里，我们
都能看到他担任的重要
角色，表演得相当精彩。
从此后，田启文在香港
演艺界声名鹊起，后来成为周星驰的经纪人。

对于任何一个演员来说，演出一具死尸对他们而言是再简单不过的事
情，但唯有田启文，能把一具"尸体"演得如死去了一般。透过这个简单
的角色，我们看到了田启文极其认真的工作态度以及对角色极端投入的责
任感。一个对一件简单的事情极其认真而又负责任的人，没有什么事情会
是他做不好的。

想一想我们的工作，是不是把那些看似非常简单的小事都努力做好了？
相信，很多人可能都会摇头，自己并没有把那些小事做好。小事做不好，
想要做成大事，那是根本就不可能的事情。要知道，一切伟大的成就，都
是从最简单的事情起步的。田启文就是我们学习的榜样。

下面这个故事，对我们很有启迪意义。

央视有一个节目，里面介绍的是各行各业的工作绝活。其中，有一个
重庆的小伙子，他是一名商场的营业员。他放弃了很多自己休息的时间，
到处收集各种各样的鞋带，创造出了一项属于自己的特殊技能：他为系鞋带，
创造了很多花式打法。他能用普通的彩色鞋带，通过编、绕、搭、系等手法，
来完成各种各样的生动的立体的造型，从而让平面、死板单调的鞋，变得
立体生动起来并给平淡普通的帆布鞋赋予了一种新颖的、独特的、时尚的
新气息。

要说系鞋带，谁都会，简单得不能再简单的事情。可能做到这个份上，

的确是一件不简单的事情。因为这项绝活，去小伙子那儿买东西的人特别多，他一个人每个月就能为商场带来 20 万元的销售额。20 万元的销售额，对于今天的营业员来说，无疑是一个奇迹。

可见，把简单的事情努力地做到极致，就能为我们带来更多的价值和成长的机遇。把简单的事情做好，对我们来说是一件不简单的事情。

蔡澜是香港一位著名的旅游家、美食家，他曾说过这样一句话："最好吃的东西，就是用简单的烹调法，将食物的原味发挥得淋漓尽致。"这句话，在宁波菜上也得到了很好的印证，越是新鲜的海鲜，做法越是简单。最重要的是，只需要把这种简单，做好就可以了。

把简单的事情认真做好，需要的是一种毅力，是一种敬业的精神，是一种负责的态度，更是一种坚持的品性。谁能把身边简单的事情做好，谁就会成为一个不简单的人。这其中的关键就在于，我们是不是把身边每一件简单的小事都努力做好了。

♡—| 学姐寄语 |—♡

在工作中，很多人心态浮躁，沉不下心踏踏实实地做好一件事，也不屑于小事和细节，他们把宝贵的时间用在抱怨人生和等待做大事的机会上，结果平庸一生。要知道，一件简单的事情，如果能够倾尽自己的全力，把它做到最好，做到最完美，它也会成为我们的技能，为我们赢得更多更好的机会，使我们化平凡为优秀。

把握好细节，细节决定成败

从小事上能反映出一个人做事的态度，所以我们要养成重视小事的习惯。不要忽略了一些不起眼的小事或细节，要知道，有时正是这些小事或细节，决定了一个人的成败。即使是一个小小的微不足道的动作，或许就会改变一个人的一生。

美国福特公司名扬天下，它不仅使美国汽车产业在世界占据鳌头，而且还改变了一个美国的国民经济状况。可是，有谁会知道这个奇迹的创造者福特当初进入公司的敲门砖，竟然是捡废纸这样一个简单的动作，从而使他的人生发生了一个大的改变。

那时，年轻的福特刚从大学毕业，到一家汽车公司应聘。一同应聘的几个人学历都比他高，在其他人面试时，福特感到没有希望了。当他敲门走进董事长办公室时，发现门口地上有一张纸，于是便很自然地弯腰把纸捡了起来，看了看，原来是一张废纸，就顺手把它扔进了垃圾篓。董事长将福特的这个小动作看在了眼里。当福特走进办公室，刚说了一句话，"我是来应聘的福特"时，董事长就对他发出了邀请："很好，很好，福特先生，你已经被我们公司录取了。"

这个让福特感到惊异的决定，源于他那个弯下腰捡废纸的动作。福特就是这样一个十分注重细节的人。从此以后，福特就开始了他的创业之路，让福特汽车闻名全世界。

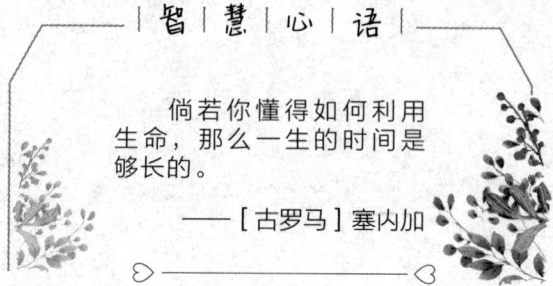

我们身边谁是轻而易举成功的？其实并没有这样的人。如果当初福特没有把那件再平常不过的小事放在眼里，他以后就没有实现梦想的机会。正是这个不被其他人所关注的小细节，使他得到了机会的眷顾。

细节对我们来说，有时是生动的，如小说中扣人心弦的细节；细节对我们来说，有时又是非常乏味的，如公务员备考时的一些烦琐细节。然而，古训曰："一屋不扫，何以扫天下？"很多细节往往在不经意间，就决定了一个人做事的成与败。

日本的清酒与中国江南的黄酒较类似，都是深受欢迎的普及型大众米酒，但日本的米酒在明治之前比较浑浊，这也是它的美中不足之处。很多人想了各种办法，都找不到使酒变清的法子。那时，有一个名叫善右卫门的小商人，以制作和经营米酒为生。一天，他与仆人发生了口角，仆人怀恨在心，准备伺机报复善右卫门。有一天晚上，仆人将炉灰倒入做成的米酒桶内，想让这批米酒变成废品，以此报复主人。干完了小勾当，卑劣的仆人便随之逃之夭夭了。

第二天早晨，当善右卫门到酒厂查看时，他发现了一个自己从未曾见过的现象：原来浑浊的米酒忽然变得清亮了。他于是透过米酒细看，发现桶底有一层炉灰，他敏锐地觉得，这炉灰具有过滤浊酒的作用。于是，他立即进行了试验、研究。经过无数次的改进之后，他找到了使浊酒变成清酒的办法，终于制成了在当时畅销全日本的清酒。

在多数人看来，善右卫门似乎在一念之间就酿成了清酒，他的成功也好像是灵感乍现的结果，是神灵的格外恩赐。其实，事实并非如此，这来源于他平时重视细节的结果。如果善右卫门没有细心观察和发现，并且不去采取有效的试验和研究，或者说他并没有专心于自己的事业，那么，他不可能会把他的事业和人生经营得如此辉煌。

有一个公司经理有一个恶习，那就是不管在什么场合，一到得意处，便不自觉地抠自己的鼻孔。

有一次，在与合作方进行有关合资立项的谈判中，双方谈得非常顺利，马上就将进行到签字生效的程序了。可是就在这时，那位经理旧病复发，得意忘形，手指不自觉地又伸进了自己的鼻孔。这位经理一边与谈判方老总谈笑风生，一边肆意地抠着自己的鼻孔。这个动作很快地被对方的老总注意到了，并皱起了眉头。

五分钟以后，这位经理大人依然在继续着自己的动作。对方老总立即阻止了正要往协议书上签字的双方代表，随后表示，这份合作意向还需再重新探讨，然后领着自己的人扬长而去，留下这位经理及莫名其妙的谈判人员。合作，就此以失败告终。

事后，有人问那位扬长而去的老总，究竟是什么原因使他在关键时刻阻止了协议签字。这位老总的一席话传到参加谈判的人员耳中，简直令他们不敢相信。那位老总说："在那样庄重的场合，对方的经理先生竟然当着客人的面抠自己的鼻子，而且肆无忌惮，说明经理先生的素质是非常低的。经理的素质如此之低，其手下的员工的素质也便可想而知了。与低素质的人合作，是要冒极大风险的。我们不愿意拿自己的资金来冒这么大的风险。"

注重细节是一个好习惯，拥有这种好习惯，就会拥有很多机会，这些机会很有可能就会决定一个人的一生。可想而知，上面那位公司经理不是一个优秀的经理，因为在外人看来，这样的人不仅不尊重他人而且素质低下。这种不良的生活细节，很有可能就会成为他将来事业受阻的一个重大原因。

事实证明，一个人即使再有才华，再努力，如果缺少了机遇，那也还是不能成功。殊不知，在现实工作中，很多的机遇其实就存在于我们的身边，存在于我们所做的每一件小事、每一个小细节之中。所以，尽心尽力把每一件小事做好，处理好每一个小细节，长此以往，我们就能把工作做得出色，就会得到一些意想不到的机会。努力工作，同时把握好细节，这样才能把工作做到位。

❥—| 学 姐 寄 语 |—❥

千万别小看工作中的细节,要知道,许多成功都是由精于追求细节努力做好细节工作而促成的,"成也细节,败也细节。"把工作中的每一个细节做好,就是优秀。一个人往往会因细节而改变一生。

忽视细节是要付出代价的

今天，是一个细节制胜，细节高于一切的时代。细节重要性的体现比比皆是。

国内有一个成功企业的老总在谈到自己的成功经验时，曾这样认为：把每一个细节做好就是不平凡。的确，在很多的时候，我们都是看花容易绣花难。很多时候，在职场比拼难分伯仲的前提下，最后的胜利不是能力的胜出，而往往总是细节的胜利。

下面这个小故事，就为我们道出了疏忽细节的代价。

一个铁匠打了一枚钉子，可钉子的火候不够，但是为了完成军队的任务，他也没有在意地就把钉子交给了军队。军队后来把这枚钉子钉在了马鞍上面，这匹马在送军情的时候马鞍坏了，由于情报没有送到，使战争最后以失败而告终。

这个故事一点也不夸张，事情就是这样：一枚不合格的钉子坏了一场战争。这是再正常不过的事情。细节的影响力，就是这么强大。在生活和工作中，有谁敢说，我不惧怕细节，相信没有一个人敢说出这样的话。

认真做事只是把事情做对，用心做事才能把小事做好。在这个细节制胜的时代，任何一

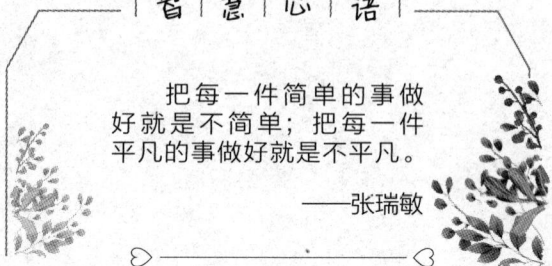

|智|慧|心|语|

把每一件简单的事做好就是不简单；把每一件平凡的事做好就是不平凡。

——张瑞敏

件事都是用心做出来而不是喊出来的。特别是在工作岗位上的员工更要把小事做细，一件没有预料的事件可能就会引起一个故障，一个常被忽视的小问题可能就会导致一次危机，每一个大问题里都有一系列的小问题露面。

在工作中，有时工作进行到一半，因为上司召唤，客人来访，或其他临时事故而暂时离开座位。在这种情况下，即使时间再短促，也必须将桌上的重要文件或资料等收拾妥当。或许有人会认为，反正时间短，那么做很麻烦而且显得小题大做，其实问题往往就是发生在你意想不到的时刻。遗失文件已经够头痛了，万一让公司以外的人看到不该看到的机密事项，那才真正会叫你"吃不了，兜着走"呢。这只是工作中的一点，在这里以点带面，对于工作中的细节，我们必须留意把它做好。

再比如，在工作中从开关门的方式，也会折射出一个人的品行与习惯，甚至还会影响到一个人的发展与事业。有的人时常或不小心地"嘭"的一声把办公室的门推开或关上，发出很大的响声，给人的印象不像是开门或关门而像是在撞门，这是极不礼貌，也是极为不利的坏习惯。我们开关门用力要轻一些，用力过猛，会使房门碰撞墙壁发出声响；但也不能用力过于小，开半天开不开，反而还会给人留下一种畏畏缩缩、鬼鬼祟祟的不好印象。因此，从开门和关门动作的轻重，就可以看出一个人的修养、内涵和水平，也反映了一个人的精神面貌，更重要的是，它直接影响到对方对我们的一个总体评价。

细节对我们来说，有着如此强大的作用。一句话、一个手势、一个动作、一个笑容，还有仰卧起坐、吃饭睡觉等，这些都是微小的细节。很多时候，

这些细节都不会直接造成什么后果，也不会引起我们的足够重视，但有时后果却是致命的。

海尔的管理层经常说起这样一句话："要想让时针走得准，必须控制好秒针的运行。"我们做任何一件事情，如果只注重大的方面，忽视小的环节，那么放任自己的最后结果就会是"千里之堤，溃于蚁穴"。海尔能够创出世界知名的国际品牌，其原因就是源于，在企业管理中他们从未放弃过任何一个小的细节——细致到工厂内的一块玻璃、一棵树木。

无论是对企业还是对个人来说，细节都是一种创造，是一种功力。细节中表现着一个人的修养，细节中体现着艺术，细节中隐藏着机会。细节中还凝结着效率，细节产生效益，细节更是铸就一个人成功的翅膀。反之，疏忽了细节，想要做好一件事是不太可能的。

所以，在努力奋斗的过程中，千万不要忽视了细节。只有用心去把每一个细节做好，我们才能一路平稳地越做越好，才会被更多人所接受和认可。

♡—| 学 姐 寄 语 |—♡

生活和工作其实是由一些小得不能再小的事情构成的，可有的人总是倾心于远大的理想和宏伟的目标，而忽略了不该忽略的小事情，小细节，从而在接踵而至的细节面前穷于准备，忙于应付，殊不知，对细节不屑一顾的人，最后的代价就是永远也不可能做出成绩来，而要想有收获，就必须处理好每一个细节问题。

从细微处着手，努力提升自身的修养

在工作中，我们时常会发现这样一个问题，那就是精细者常常可以旗开得胜，粗心者则常因忽略细节而兵败垂成。所以说，对于细微处的修养，更需要我们去注意。

来看看下面这个故事。

《聊斋志异》中有这样一个情节，有个老人一向为人豪爽，常常主动借钱接济四方。

一天，一个好赌的无赖听说此事后，就找到老人也想借钱，老人答应了他。可也就在这时，老人发现了那位借钱者的一个极其熟练的动作，那就是，那位借钱者见案头放着几枚铜钱，便伸出手来，将那几枚铜钱"高下叠放，如此再三。"老人立即由这个细节看出，此乃赌徒的习惯动作，一时间老人改变了自己的主意，委婉地谢绝了那个好赌之徒。

一个细节就露了馅儿。试想赌徒如果没有流露出那样的习惯性动作，恐怕这钱也就可以借到手了。就是这样一个不好的动作，让人看出了端倪，

| 智 | 慧 | 心 | 语 |

生命如果充实就是长久的。

——［古罗马］塞内加

进而愿望也就落空了。这就是一个反面的不注重小节而获得的结果。

某公司高价招聘一位白领员工，不少能人前来应聘，但只有一个人顺利过关，为什么呢？因为细心的经理注意到了一个细节，那就是当女服务员为这些应聘者递来茶水时，众多应聘者中，只有其中一个女孩礼貌地站起来并用双手接过，最后还说了一声"谢谢"。

工作中，很多活生生的例子摆在眼前，看一看自己，那些细微处的修养与细节我们又做到了多少。这种细微处的修养反映了一个人做人做事的态度和品德。修养，是一个人文化、智慧、善良和知识综合起来所表现出来的一种美德，是一个人崇高人生的一种内在的力量。

做事先做人，这是小时父母常教导我们的话。父母告诫我们：当别人给予我们帮助时，一定要道谢，并且要看着对方的眼睛，以示诚意。当我们给别人带来不便时，一定要及时道歉，以免给人留下不良印象。当我们对一个人还不够了解时，切莫轻易下结论，耳听为虚，眼见为实，况且有时候眼睛也能欺骗人……立业先立德，做事先做人。做任何事情，都是从做人开始的，而一个人人品的好与坏就体现在我们每一个细微处的表现上。

还有一个故事，对我们也很有启发。

一位中国老人风尘仆仆赶到日本横滨，探望他阔别50年的朋友。当他手捧用黄缎包裹的《老寿星》和《骏马图》两幅画卷将要迈入电梯的一刻，一个亲切的声音传入老人的耳中："对不起，打扰一下"，只见一位公寓的服务员小姐站在身后："请问您是来看朋友的吧？"得到肯定的答复后，小姐又说："对不起，有个建议供您参考，在日本用黄色的包装象征着绝交……如果可以，请允许我为您的礼品重新包装一下……"十分钟后，老人抱着按照日本风俗重新包装的画卷走进电梯，这时服务员小姐再次追上了说："刚才忘了告诉您，那件侧面贴了标签的是《骏马图》，没有标签的是《老寿星》……"

由于那位公寓服务小姐重视工作中的细节，并提供细心周到的服务，使中国老人得以延续多年的友情，而没有产生不必要的误会。

如果我们是故事中的中国老人，一定会对公寓服务员小姐的工作产生深刻的印象，她的服务是一缕清香，久久让人回味。试想，如此认真的工作态度，如此细致入微的贴心服务，不仅感动我们，更会感动在场的每一个人，还有她的领导。有这样的下属，一定会使她的领导感到很欣慰，将来晋升的机会不必说，非她莫属。

综上所述，无论是好赌的无赖还是让人感动的服务员小姐，都在告诉我们这样一个道理，那就是：无论做什么事，无论怎样做，都体现着一个人的修养问题，特别是细微处的修养更不容忽视。因为，它直接关系着一个人做事的成与不成，关系着他人对我们印象的好与坏。在每一天努力的过程中，如果我们在注意外在形象的时候，也能注意到自己细微处的问题，那么它将有助于我们把事情做得更好。

学姐寄语

一个人的吸引力体现在修养上，而修养通常来自细节，行为养成习惯，习惯形成品质，品质决定吸引力。因此，我们应从身边的事做起，从细微处着手，从自己的一言一行开始，努力提高综合素质，从而成就自己非凡的人生。

爱因斯坦：愚笨木讷的天才

大咖故事会

一个伟大的天才，并不一定一开始就是伟大奇异的，他们甚至表现得愚笨木讷，远不如常人聪明，如爱因斯坦。作为20世纪最伟大的科学家，我们似乎没有任何理由怀疑他的早慧，但事实是，他在少年时代是一个极其普通的孩子。

在20世纪初的科学界，爱因斯坦是一个伟大而史无前例的奇迹。1905年，他发表了6篇论文，在3个领域做出了4个有划时代意义的贡献——他发表了关于光量子说、分子大小测定法、布朗运动理论和狭义相对论等重要论文。爱因斯坦在科学上的突破性成就，可以说是"石破天惊，前无古人"。

即使他就此放弃物理学研究，或者只完成了上述成就的任何一方面，他依然会在物理学发展史上留下极其重要的一笔。但是，就是这样一位有着卓越成就的科学家，在少年时代却以愚笨而闻名。

爱因斯坦小时候不活泼，3岁还不会讲话，父母很担心他是哑巴，曾带他去请医生检查。虽然检查结果小爱因斯坦不是哑巴，但直到9岁他讲话还不流畅。读小学和中学时，他的功课十分平常。由于他举止缓慢，不爱同人交往，老师和同学都不喜欢他。教他希腊文和拉丁文的老师对他更是厌恶，公开说他"长大后肯定不会成器"，而且因为担心他在课堂上会影响其他学生，几次把他赶出校门。

16岁时，爱因斯坦报考瑞士苏黎世工业大学工程系未被录取。两年以后，他才勉强跨进苏黎世工业大学的校门，在师范系学习数学和物理学。他对学校的注入式教育十分反感，认为它使人没有时间、也没有兴趣去思考问题。幸运的是，强制教育在苏黎世工业大学要比其他大学少得多。爱因斯坦充分利用学校中的自由时间，把精力集中在自己热爱的学科上。

1900 年，爱因斯坦从苏黎世工业大学毕业。由于他对某些功课不热心，以及对老师态度冷漠，被拒绝留校。他找不到工作，靠做家庭教师和代课教师过活。在失业一年半以后，关心他并了解他才能的同学马塞尔·格罗斯曼向他伸出了援助之手。格罗斯曼设法说服自己的父亲把爱因斯坦介绍到瑞士专利局去做一个技术员。正是在专利局工作的这一时期，爱因斯坦完全靠自己独立钻研的能力，在物理学方面取得了重大突破。后来爱因斯坦名声如日中天，他一直感谢格罗斯曼的帮助："突然被一切人抛弃，一筹莫展地面对人生的时候，他帮助了我，通过他和他的父亲，我才进了专利局。没有他的帮助，我可能不至于饿死，但精神会颓唐。"

　　1905 年 3 月，爱因斯坦将自己认为正确无误的论文送到德国《物理年报》编辑部。他对编辑说："如果您能在你们的年报中找到篇幅为我刊出这篇论文，我将十分感激。"这篇论文名叫《关于光的产生和转化的一个推测性观点》。

　　此后，爱因斯坦在物理学方面的成就日益凸显。1921 年，爱因斯坦因为"光电效应定律的发现"这一成就而获得诺贝尔物理学奖。这个在少年时代总是被批评，甚至被老师定性为不会有出息的人，完全依靠锲而不舍的钻研，登上了科学世界的顶峰。

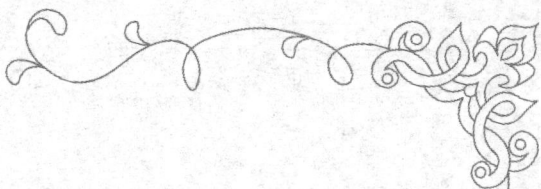

PART 03

梦想的路，我们全力以赴

　　努力进取是一种积极的人生态度，是一个人不断进步的唯一途径。当一个人满足于现状，不再努力进取时，他就会在体力、精神和道德上走下坡路。相反，如果一个人能通过不懈努力来改善自己的处境，他就能不断进步，创造出更加富足的生活。

人生读来几乎像一首诗。它有自己的韵律和节奏，也有其生长和腐坏的内在周期。

——林语堂

每天进步一点点就能走向成功

每天进步一点点，看似平凡朴实的一句话，却蕴含了人生哲学的大智慧。每天进步一点点，并不是很大的目标，也并不难实现。也许，昨天的我们曾努力过并获得了可喜的成果，但今天的我们必须努力超越昨天的我们，更加进步，更加充实。只要是在前进，无论前进多么小的一点点都无妨。人只有每天努力地持续小小的进步，才会有大成就。

叶先生在他毕业后，去了一家公司应聘，当时他对自己一点信心都没有。老总让他做市场部经理，他对老总说自己没有经验、恐怕难以胜任，老总却说没关系，说他可以教他如何在最短的时间内胜任这个职位。原以为老总会给他一些具体的工作流程、注意事项等，没想到老总给他的只是 7 个字——每天进步一点点。老总还当场做了一个试验，问他能做多少个俯卧撑。在老总面前，他费尽全力做了 28 个。这时老总对他说："做工作就和做俯卧撑一样，只要长期坚持，每天努力进步一点点，那么过不了多长时间，你的工作能力会和你做俯卧撑的数量一样让你觉得不可思议。"

后来，叶先生接受了老总的任命。在以后的工作中，叶先生时刻谨记老总的教诲——在各项工作中每天努力地进步一点点，并坚持每天做俯卧撑。就这样，在不到三年的时间里，他能完成的俯卧撑数量

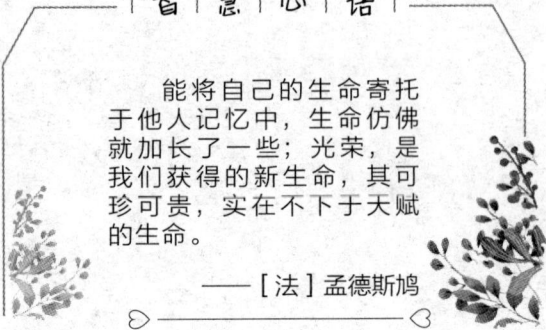

| 智 | 慧 | 心 | 语 |

能将自己的生命寄托于他人记忆中，生命仿佛就加长了一些；光荣，是我们获得的新生命，其可珍可贵，实在不下于天赋的生命。

——［法］孟德斯鸠

从原来的 28 个增加到了 600 个；他由一名对自己工作能力一点信心都没有的市场部经理，成长为一名工作起来游刃有余的市场总监；他们公司在"每天进步一点点"的指导思想下，从原来年销售额不足 300 万元的小企业成长为年销售额达 2 亿元的礼品企业里的领头羊。

一步登天做不到，但一步一个脚印能做到；一鸣惊人不好做，但一股劲做好一件事，可以做；一下子成为天才不可能，但每天努力进步一点点有可能。

纽约的一家公司被一家法国公司兼并了，在兼并合同签订的当天，公司新的总裁就宣布："我们不会随意裁员，但如果有的人法语太差，导致无法和其他员工交流，那么，我们不得不请他离开。这个周末我们将进行一次法语考试，只有考试及格的人才能继续在这里工作。"散会后，几乎所有人都冲向了图书馆，他们这时才意识到要赶快补习法语了。只有一位员工像平常一样直接回家了，同事们都认为他已经准备放弃这份工作了。令所有人都想不到的是，考试结果出来后，这个在大家眼中肯定是没有希望的人却考了最高分。

原来，这位员工大学刚毕业来到这家公司之后，就已经认识到自己身上有许多不足，从那时起，他就有意识地开始了自身能力的储备工作。虽然工作很繁忙，但他却每天坚持提高自己。这些准备都是需要时间的，他是如何解决学习与工作之间的矛盾呢？就像他自己所说的一样："只要每

天记住 10 个法语单词，一年下来我就会记住 3600 多个单词了。同样，我只要每天学会一个技术方面的小问题，用不了多长时间，我就能掌握大量的技术了。"

其实有时候，我们明明知道应该做什么，却没有坚持下去。积少成多的道理每个人都懂，但是很少有人付诸行动，而成功的人就是能将理念变成每一天都努力行动一点点的人。

♡—| 学 姐 寄 语 |—♡

一个人之所以会成功是因为他能不断地努力进取。只要我们能够每天持续不断地进步一点点，结果将是不可思议的。其实，每天进步一点点就能走向成功。

始终保持一种努力进取的精神

　　一块有磁性的金属，可以吸起比它重 1 倍的重物，但是，如果除去金属的磁性，它却连轻如羽毛的重量都吸不起来。同样的，人也有两类，一类是有磁性的人，这类人充满了自信心和信仰，他们知道自己天生就汇聚了能量，是个胜利者、成功者；而另外一类人，是没有磁性的人，这一部分人充满了畏惧和怀疑。当机会来到时，他们会说：我可能会失败，我可能会失去钱。这一类人在生活中不可能会有成就，他们害怕前进，只停留在原地而没有任何努力。

　　这是两种截然不同的人生态度。通过这种比较，不言而喻，我们从内心都想要使自己成为第一种人。第一种人始终保持着一种积极进取的人生态度，第二种人则是一种消极的人生态度。

　　所谓"进取精神"，是指一个人应该不断地发展自己，不断地丰富自己，努力求取新的知识，思考新问题，不断超越自我，用积极正确的心态去努力进取以获得更大的成就。

　　蛹因为进取，所以蜕壳而出，化成翩翩飞舞的蝴蝶；苗因为进取，所以能在岩石缝中扎根，开出艳丽的花朵；万物因为进取，创造了欣欣向荣的世界。

相传，我国著名诗人白居易，每当做好了一首诗，总是先念给牧童或老妇人听，然后自己再反复修改，直到他们听了拍手称好，才算定稿。像白居易这样一位著名的诗人，并不因牧童和村妇的无知而轻视他们，因为他懂得真正的文学作品，必须得到人民的承认，所以他虚心求教于人民，正是因为一次一次的执著进取精神，才使他的诗通俗易懂，在民间广为流传，为后人所称颂。

拿破仑·希尔曾说："有方向感的信心，可令我们每一个意念都充满力量。当你有强大的自信心去推动你的成功车轮，你就可以平步青云，无止境地攀上成功之岭。"开拓进取的品质，不但来源于一个人努力拼搏奋进的意识，更来源于一种对未来、对目标高尚的追求。正所谓"无私则无畏。"当一个人心中装着崇高的理想和伟大的抱负时，就能迸发出源源不断的向上的动力。

我国东晋书法家王羲之的书法艺术和努力进取的刻苦精神一直很受世人赞许。相传，王羲之的婚事就是因此而定的。

王羲之的叔父王导是东晋的宰相，与当朝太傅稀鉴是好朋友。稀鉴有一位如花似玉、才貌出众的女儿。一日，稀鉴对王导说，他想在他的儿子和侄儿中为女儿选一位满意的女婿。王导当即表示同意，并同意由他挑选。王导回到家中将此事告诉了诸位儿侄，儿侄们久闻稀家小姐德贤貌美，都想得到她。稀家来人选婿时，诸侄儿都忙着更冠易服精心打扮。唯王羲之不问此事，仍躺在东厢房床上专心琢磨书法艺术。稀家来人看过王导诸儿侄之后，回去向稀鉴回复说："王家诸儿郎都不错，只是因为知道是选婿都有些拘谨不自然。只有东厢房那位公子躺在床上毫不介意，只顾用手在席上比画什么。"稀鉴听后，高兴地说："东床那位公子，必定是在书法上学有成就的王羲之。此子内含不露，潜心学业，正是我中意的女婿。"于是，便把女儿嫁给了一心潜心向学的王羲之。王导的其他儿侄十分羡慕，称他为"东床快婿"。

王羲之的这一大好姻缘，令我们羡慕，然而，他这种对自身对学业无比勤奋和努力的进取精神，更令我们深感敬佩。这种精神，值得今天的每一个想要追求成功、追求幸福的人学习。

做人，自始至终都要保持一种努力进取的精神。进取心是一种豁达而积极的人生态度。进取精神是擂响大漠之鼓艰难跋涉的驼铃，是弹响阳光之弦振翅飞翔的鸟鸣，是撞响悬岸之钟澎湃激越的涛声。踏上积极进取的步伐，让我们遵循着成功人士的足迹，努力去超越心中的每一个梦想。

♡—┃ 学 姐 寄 语 ┃—♡

人一旦自满，就会限制自己进一步提高的动力；一旦自满，成功的大门就会关得越来越紧，自满会消耗人的壮志雄心，自满会让一个人在过去的成绩上睡大觉而被别人超过，相反，一个人如果始终保持一种努力进取的精神，就会不断地努力奋斗，就会收获到更多丰硕的果实。

克服懒惰，让自己变得勤奋起来

无论是过去还是现在，无论是在西方还是在东方，那些享有地位、尊严、荣耀和财富的成功者，都有一颗永不停息的心，都有一双坚强有力的臂膀；在他们身上都凸显出了令人尊敬的勤奋创业与敢为天下先的精神，都闪耀着非凡毅力与顽强意志的光芒，而正是这样的品质使他们获取了财富，让他们成就了事业，赢得了别人的尊崇。

在这个无限变幻的世界中，没有永远的富豪，也没有永远的穷人。如同万事万物都处在永恒的运动变化之中一样，这种盛衰起伏变幻如同沧海桑田，生生不息。出身卑贱和家境贫寒的人，通过自己的努力工作，执著的追求和智慧，同样能够功成名就，出人头地，成为富有的人。

人生中任何一种成功的获取，都始之于勤并且成之于勤。勤奋是成功的根本，是基础，也是法则。每一个志向高远的人都应该努力让自己变得勤奋起来。

人的本性之一是趋乐避苦，而惰性就如同影子一样时常左右纠缠着，但正如歌德所说："我们的本性趋向于懒怠，但只要我们的心向着活动，并时常激励它，就能在这活动中感受到真正的喜悦。"

伟大的科学家爱因斯坦说过："在天才和勤奋两者之间，我毫不迟疑地选择勤奋，勤奋几乎是世界上一切成就的催产婆。"

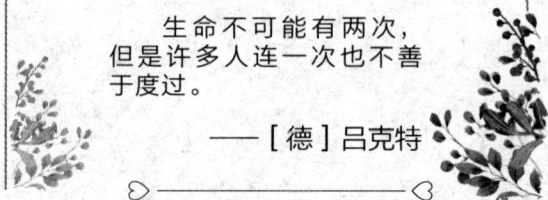

| 智 | 慧 | 心 | 语 |

生命不可能有两次，但是许多人连一次也不善于度过。

——[德] 吕克特

一个爱讲废话而不勤奋学习的青年，整天缠着大科学家爱因斯坦，要他公开成功的秘诀。爱因斯坦被缠得没办法了，就给他写了一个公式：$A=X+Y+Z$。然后告诉他："A 代表成功，X 代表勤奋，Y 代表正确的方法，Z 代表少说废话。"

这个公式包含着真理，它表明：一个人要想获得成功，不仅要求我们在学习时要有正确的方法，也要求我们少说废话，更重要的是要勤奋。

懒惰是人生中最可怕的敌人，许多本来可以做到的事，都因为一次又一次的懒惰拖延而错过了成功的机会。"懒惰"又是个很有诱惑力的怪物，人一生随时都会与它相遇。比如，早上躺在床上不想起来，起床后什么也不想干，能拖到明天的事今天不做，能推给别人的事自己不做，不懂的事自己懒得懂，不会做的事自己不想做……

我们要靠自己的努力获取尊贵和荣誉，只有这样的尊贵和荣誉才能长久。不幸的是，在今天，很多生活富足的人都缺乏进取精神，有的甚至躺在父母给他们创造的物质财富中好逸恶劳，挥霍无度，以致最终在贫困中死去。

所以，要想完善自己，成就自己，享受到成功的喜悦，赢得社会的尊敬，就必须努力进取，战胜懒惰，让自己变得勤奋起来。要克服懒惰，方法有以下这些：

1.战胜内心的恐惧和顾虑

如果是因为内心的恐惧和顾虑，克服的方法是强迫自己做。假想这件事非做不可，就没什么可恐惧的，并不像你想象的那么难，这样你终会惊讶——事情竟然做好了。

2.不应因健康不佳而懒惰

其实，懒惰并不是健康的问题，而是一种生活态度的问题，有些人尽管疾病缠身，还照样勤奋努力不已。如果身体真的有病，这种时候常爱拖延，因此要留意你的身体状况，及时去治疗，更不应该拖延。

3.严防掉进借口的陷阱

我们常常拖延着去做某些事情，总是为自己的懒惰找理由，找借口。例如"时间还很充足"、"现在动手为时尚早"、"现在做已经太迟了"、"准备工作还没做好"、"这件事太早做完了，又会给我别的事"等，不一而足。这些借口会让自己变得越来越懒惰，如果想变得勤奋起来，就要把这样的借口一个个地消灭掉。

4.只做 10 分钟的打算

开始克服懒惰，不可能坚持很长时间，你可以跟自己说："只干一会儿，就 10 分钟。"10 分钟以后，很可能你会兴奋起来而不想罢手了。

5.不给自己分心的机会

我们的注意力常常受外界的干扰，不能够投入工作，成为拖延偷懒的借口。把杂志收起来，关掉电视，关上门，拉上窗帘等，这样，就可以使自己的注意力集中起来，克服拖延的毛病，投入工作。

6.留在现场

有些事情在开始做时总会不顺利，这就成为拖延偷懒的借口，我们会说放一放再做，转身就走，这样就无法克服懒惰的习惯。强迫自己留在事情的现场不许走。过一会儿，你可能就找到了解决问题的办法，你可能就不再拖延，你就会干下去。

7. 避免做了一半就停下来

做一半就停下很容易使人对事情产生棘手感、厌烦感。应该做到告一段落再停下来，这样会给你带来一定的成就感，促使你对事情感兴趣。

8. 严格要求自己，磨炼意志力

意志薄弱的人常爱拖延。磨炼意志力不妨从简单的事情做起，每天坚持做一种简单的事情，如写日记，只要天天坚持，慢慢就会养成勤劳的习惯。

9. 在整洁的环境里工作

把自己生活的环境整理好，使人身居其中感觉舒适，就会热爱自己的生活，产生勤奋的动力。另外，备齐必要的工具也可加快工作进度，避免拖延的借口。

♡—| 学 姐 寄 语 |—♡

很多人都羡慕成功人士的光环，而从来没有想过他们背后的付出。当我们在休息时，他们在忙碌；当我们在喝咖啡时，他们还在工作着。这就是一个成功者与一个非成功者的区别。要知道，任何成功都不是一蹴而就的，它需要我们克服懒惰，永远做一个勤奋的人。

持之以恒地去努力，一次不行就再来一次

　　人生对我们来说是一条漫长的旅途，有平坦的大道，也有崎岖的小路；有灿烂的鲜花，也有密布的荆棘。在这个旅途上每个人也都会遭受挫折，而生命的价值就在于能够坚强地努力闯过挫折，冲出坎坷，哪怕是一次不行再来一次。要知道，只有这样的人生，才是最美丽，最幸福的，最有意义的。

　　所谓的输，就是一个人人生中遇到的挫折。一次失败对于每个人来说，都是在所难免的。因此，不要被一点点困难所打倒。拼搏中失败了，没有什么大不了，相信只要持之以恒地去为自己的梦想努力，总有一天会迎来成功的掌声和鲜花。

　　有个年轻人去微软公司应聘，可是，该公司并没有刊登招聘广告。见总经理疑惑不解，年轻人用不太娴熟的英语解释说自己是碰巧路过这里，就贸然进来了。总经理感觉很新鲜，破例让他试一下。面试的结果出人意料，年轻人表现得很糟糕。他对总经理解释说是事先没准备好，总经理以为他不过是找个托词下台阶，就随口应道："等你准备好了再来吧。"

一周后，年轻人再次走进微软公司的大门，这次他依然没有成，但比起第一次，他表现的要好得多，可总经理给他的回答仍然同上次一样：等你准备好再来试一下。就这样，这个年轻人5次踏进微软公司的大门，最终被公司录用，成为公司的一名重点培养对象。年轻人面对打击，超出寻常人的毅力，一次不行就再来一次的精神，使他终于踏进了自己梦想中的大门。

| 智 | 慧 | 心 | 语 |

对于我来说，生命的意义在于设身处地替人着想，忧他人之忧，乐他人之乐。

——[德] 爱因斯坦

也许，你的人生旅途上也是沼泽遍布，荆棘丛生；也许，你追求的风景总是山重水复，不见柳暗花明；也许，你需要在黑暗中摸索很长时间，才能寻找到光明；也许，你坚强的信念会被世俗的尘雾缠绕，不能自由飞翔；也许，你高贵的灵魂暂时在现实中找不到寄放的净土……面对这些，你要持之以恒地去努力，并且坚定而自信地对自己说一声"再试一次！"再试一次，你就能到达成功的彼岸。

瑞德公司的面试通知，像一缕阳光照亮了克里弗德焦急期待的心。

在一天上午的10点钟，克里弗德准时走进了瑞德公司人力资源部。秘书小姐向经理通报后，克里弗德静了静心，提着手提包来到经理办公室门前，轻轻地敲了两下门。

"是克里弗德先生吗？"屋里传出问询声。

"经理先生，你好！我是克里弗德。"克里弗德慢慢地推开门。

"抱歉，克里弗德先生。你能再敲一次门吗？"端坐在沙发转椅上的经理悠闲地注视着克里弗德，表情有些冷淡。

经理先生的话虽令克里弗德有些疑惑，但他并未多想，关上门，重新敲了两下，然后推门走进去。

"不，克里弗德先生，这次没有第一次好，你能再来一次吗？"经理示意他出去重来。

克里弗德重新敲门，又一次踏进房间。

"先生，这样可以吗？"

"这样说话不好——"

克里弗德又一次走进去："我是克里弗德，见到你很高兴，经理先生。"

"请别这样。"经理依然淡淡地道，"还得再来一次。"

克里弗德又做了一次尝试："抱歉，打扰你工作了。"

"这回差不多了，如果你能再来一次会更好，你能再试一次吗？"

当克里弗德第十次退出来时，他内心的喜悦和憧憬已消失殆尽，开始有些恼火。心想，进门打招呼哪有这么多讲究？这哪是招聘面试呀，分明是在刁难戏弄人。

克里弗德生气地转身离开，可刚走几步又停了下来。不行，我不能就这样逃开，这是我最喜欢的工作呀，我一定要争取到这份工作。

于是，克里弗德稍稍地舒了一口气，第十一次敲响了那扇门。这次，他得到的不是拒绝，而是热烈欢迎的掌声。克里弗德没有想到，在自己第十一次敲门时，叩开的竟是一扇成功之门。

原来，瑞德公司此次是打算招聘一名市场调查员，而一名优秀的市场调查员，不仅要具备学识素质，更要具备耐心和毅力等心理素质。这十一次敲门和问候就是考查一个人心理素质的考题。

生活里的种种苛责和难堪看上去虽是令人不舒服的遭遇，可是，如果肯用耐心去化解，用毅力去稀释，用理智去包容，它也许就是走向成功的一个垫脚石。克里弗德通过一次又一次地进出门，持之以恒地做到了，最终，他通过努力得到了自己梦寐以求的职位。

生活中这样的事情，我们可能不会遇到太多，但是，如果换作其他人，很有可能就会打退堂鼓了，很有可能会恼羞成怒，也很有可能会经受不住刺激中途离场。克里弗德却可以做到这些，不放弃，一次不行就再来一次，这次不行就把下一次做好，一直让自己的努力打开智慧的大门。

挫折，在人生的旅途中难以避免。面对挫折，有的人失去了前进的勇气，熄灭了探求的热情；而有的人却以此确立了自己进取的志向，扬起了前进的风帆，从而越行越远。

♡—| 学 姐 寄 语 |—♡

输了，并不意味着比别人差；输了，也不意味着永远不会成功；输了，更不意味着到了人生的终点。智者告诉我们，失败的终点，往往是成功的起点。只要敢于正视失败，敢于拼搏，我们就会收获到成功的果实。一个小挫折并不可怕，一次不行再来一次，一次次的不放弃，希望中的大门才会为你而开启。

避免犯同样的错误，就是进步

小兵是一家房地产公司的销售员，他刚到公司的时候销售业绩排在倒数第一，一年后却成了销售冠军。此后，小兵的销售业绩稳步增长，月月得冠军，年年得冠军。身边的很多同事都羡慕不已，纷纷向小兵取经，问他是什么秘诀使他的工作做得如此出色？小兵从包里拿出一个黑色的笔记本，对同事说："这就是我的秘诀。"同事们翻开一看，里面密密麻麻地记载了他与客户打交道所犯下的每一次错误，以及每一次犯错误后的心得。

无论做什么事情，谁都有犯错误的时候。我们所犯的错误，一方面使我们陷入困境，另一方面也促使我们警醒，而我们需要做的是学会从错误中思考和总结，以避免同一个错误再次发生，从而使自己有新的进步，有新的发展。

如果对自己所犯下的每个错误置之不理，那么错误对我们来说仅仅是一个错误，而不会成为经验和教训，这样的错误是没有价值的。总结自己的错误是理性的回想，是从实践上升到理论的必经之路。思考错误是一个人智慧的升华，是预见未知、开拓新空间的前提。只有善于分析错误，我们才能有所收获。

那么，如何才能使犯错误的成本降至最低？如何使犯错误的人进步得更快？答案只有一个，那就是：努力使同样的错误只犯一次，也就是避免犯同样的错误。

智 | 慧 | 心 | 语

时间是世界的灵魂。

——［古希腊］毕达哥拉斯

小兵就是一个最好的例子，他懂得记录自己在工作中的每一个错误，并且把每一个错误都改正过来，从而能把自己的工作做得非常出色。

失败并不可怕，可怕的是不懂得吸取失败的教训使自己有所长进。只要我们懂得每天反省自己的失误和不足之处，坚持下去，反省的力量对任何人来说，无论做什么事情，其效果都是非常强大的。

很多经验都为我们证明，一个进步较快的人，必定是善于反省的人，反省能使人走向成熟，变得深邃，臻于完善。

以下几个要点有助于你认识并改正自己，提高自己，避免做事时再犯同样的错误：

1. 做一件事之前先分析一下可能会遇到哪些情况，出现什么结果。

2. 想想自己以前遇到同样的问题时，最好的解决办法是什么。

3. 有的人犯了错误，就会一个劲地问"怎么办？怎么办？……"要知道，每个人都会犯错误。所以，要冷静，不要慌乱。仔细想想是否还有补救措施，同时还要保持虚心谨慎的态度，听取周围人的建议。

4. 想想自己之前遇到同样的错误是怎么处理的，心里又是怎么下定决心要改正的。这点有助于给你心理暗示，告诫自己不要再犯同样的错误。

5. 上网搜索一下，或者问周围的人，他们遇到同样的问题会如何去处理。

虚心请教，你会有更多收获。

6."吃一堑，长一智"。联想以前犯过的同样错误，把关于类似事件的想法和主意记下来。不要认为只是一个小错误，就心存侥幸。

7.试着从另一个角度看待自己犯下的错误。

8.因为每个人都在犯错，所以，有哲人说："犯错是上帝给你的最好礼物。"如果你从另一个角度去看待你犯的错误，可能未必是一件坏事。

9.总结经验教训，重新认识自己。慢慢地，你就会变得少犯错误了。

一个人不可能没有缺陷。犯错误不要紧，要紧的是同样的错误不能犯两次。如果你想成功，那么你就可能犯错误；如果你要成功，你也可能犯错误，但同样的错误只能允许自己犯一次。被一块石头绊倒一次不要紧，要紧的是不能被同一块石头绊倒两次。只有这样，在为目标努力的过程中，我们才能以最快的速度把自己想要做的事情做好。

◇—| 学 姐 寄 语 |—◇

在奋斗的路上，我们要敢于犯错误，同时我们更要少犯错误，尤其是不能原谅自己犯同一个错误。在生活中，一个愚笨的人和一个聪明人的区别就在于，愚笨的人同样的错误犯多次，甚至是屡教不改，而聪明人同样的错误在自己身上只出现一次。

敢拼搏有胆识，才能使努力更有成效

在今天，"敢拼才会赢"并不是一句空话，而是成大事的一种行动力和胆量。相对于一些不敢去争取、不敢去打拼自己事业的人来说，敢拼更是一种超越自我的胆识。可以说，敢拼是成大事的关键。

胆识是成功创业的"第一资本"。在我们的身边，成千上万的人都做着一个创大业的梦想，而只有那少之又少的一些人才会勇敢地付诸行动。我们应该学习一下爱迪生对待自己事业的勇气。

爱迪生喜欢苦思冥想，他一遇到某种疑惑就会一直地钻研下去。爱迪生在发明的过程中历尽了千辛万苦，为了寻找灯丝，他曾经试验过数千种材料，为试验一种新的蓄电池，他曾经失败过很多次，但他并没有被这些不尽如人意的结果而放弃，仍然努力钻研，正是这种百折不挠的品质和顽强拼搏的精神，使爱迪生获得了成功。

在实现梦想的征程上，如果我们能有爱迪生一半的胆识和拼搏精神，也许我们就已经成了一个自己想要成为的人。研究学问和创业都是一样的道理，虽说爱迪生是坐在自己的实验室里，可是，想象一下，自己为理想

| 智 | 慧 | 心 | 语 |

那无边无际，缄默不语，永不静止的东西就叫作时间。

——［英］托·卡莱尔

而付出了多少呢？俗话说："宝剑锋从磨砺出，梅花香自苦寒来。"记住，要想品尝到成功的喜悦，就应该让自己先成为一个有胆识，也有敢拼精神的人。

美国杜邦公司总裁皮埃尔·杜邦，是一个利用勇气和胆量让自己成功的人。

杜邦公司在杜邦家族中经营了一个多世纪。"管理这个事业的职责，必须视它为一种神圣的托付而传至未来的一代。"这是美国杜邦公司总裁皮埃尔·杜邦的一句名言。正是这个杜邦家族的第四代继承人，凭借着自己的胆量把杜邦公司的事业推向了高潮。

杜邦自幼聪明好学，以优异的成绩毕业于麻省理工学院。杜邦32岁那年，堂叔犹仁总裁死于肺炎。由于犹仁死得突然，没留下遗嘱，他的家族内乱成了一锅粥。大家在家族会议上吵得很凶，谈不出什么结果来。最后，董事会准备卖掉公司。到了最后表决的时刻，主持人亨利上校建议说，全部家当如果卖掉的话，值1200万美元。各人拿分得的钱去存银行，利息低得可怜。不如把它按2000万美元抵押给家族的某个人，这个人按银行的利息付给各位股东。听到这个想法后，大家纷纷同意。可是，并没有人愿意做这个冤大头，而亨利上校在这时却胸有成竹地说，有人愿意这么做。于是，杜邦当上了新的总裁。

成功可以用胆量缔造，有一种胆量是可以穿透梦想的。杜邦做到了，杜邦也是这样的一个人。杜邦集团下属的企业，包括工业、铁路、石油、航空、银行、波音飞机制造、可口可乐、保险、军工、化学、食品、电视、电脑……几乎渗透到世界上的每个领域。敢拼才会赢，这在杜邦的身上得到了最有力的验证。

一位成功人士曾说："成功有三量：胆量、力量、度量。"其中，胆量排在第一，这与那句古训"才、学、胆、识，胆为先"是不谋而合的。

由此可知，成功并不需要我们知道多少，而是依靠我们努力了多少，所有的知识、计划、心态都要付诸行动。不管决定做什么事情，设定了什么目标，都一定要拿出努力拼搏的精神，马上行动。只有提高自己的胆识，并付诸于拼搏的力量，才会使自己付出的努力更有成效，才会赢得成功。

♡─| 学 姐 寄 语 |─♡

想得好是聪明，计划得好更聪明，做得好是最聪明又最好的。成功开始于思考，成功要有明确的目标，这都没有错，但这只相当于给赛车加满了油，弄清了前进的方向和线路，但想要抵达目的地，只有把车开动起来，并保持足够的动力才行。也就是说，要有胆识，要有拼搏的精神。

人生低潮时的鼓励，是努力向上的动力

从古至今，人与人之间的鼓励，总会促使他们所要做的事情更顺利。相互之间的鼓励，也总会激发出人们心中最强的那股力量，包括自信心和意念。

然而，大多数的人都是等待着他人的鼓励，这或许就是人性中的一个脆弱之处——将自己的命运系在他人手中，而非自己掌握。

其实，最好的鼓励是源自每个人的内心。只有自己相信自己，自己鼓励自己，最后的胜利才会是完美的。他人的鼓励只不过是一种催化剂，最重要的是自己心中的那堆反应物。

鼓励只是人心中渴望得到的一种慰藉罢了。成功的关键是自己的努力和付出，而不是别人那三五句呢喃之语。正如一个已对生活完全失去信心的、堕落不堪的人，你就是磨破了嘴皮子去鼓励他，也未必能有一丁点的效果。

千万不要有等待的心理，要学会给自己鼓励，学会自己掌握命运的船舵。如今的社会充斥着太多的机遇，却也同样"杀机四伏"。别老指望着他人能给你鼓励。

每个人都要有一种危机意识，在激烈的竞争中，永远相信自己、鼓励自己，这是一种每个人都应该努力掌握的生存法则。

成长最悲哀的是当你长大成人后，在你遭遇挫折时，没有人会安慰你，鼓励你站起来再重新开始，而在你获得成就时，也没有人会称赞你，鼓励你再创佳绩。换言之，推动我们勇往直前的原动力只有来自我们自己。

不妨想一想，当你在人生的十字路口碰到低潮时，会不会有人来拍拍你的肩膀，给你打打气？说实话，当你碰到低潮时，或许你的老师、长辈会为你打气，但他们也无法天天在你身旁拍你的肩膀。所以，这时，自己鼓励自己，才是一种最好的努力进取的方法，也是最有效的。这样说并不是在否定别人的鼓励的作用。事实上，别人的鼓励会让你有"毕竟我不孤单"的感觉，于是生出一股奋起的力量；但是，需要告诉你的是：

——千万别乞求、冀望别人的鼓励，因为那只会让你像个可怜虫！而这种鼓励也带有怜悯的意味。

——千万别依靠别人的鼓励来产生勇气和力量，因为，你未来的路还会有许多坎坷，可不一定每一次你低潮的时候，就会有人来鼓励你。

不过，人在低潮时，可能不知道怎样去鼓励自己。因此，在遇到低潮时，你自己首先要有"撑下去"的决心，因为，这是"自己鼓励自己"的先决条件。

之后，你要努力告诉自己：我要走过这个低潮，我要做给别人看，向所有人证明我的强韧。换句话说，你要为自己争一口气，不要被别人看轻。

有了这样坚定的信念，接下来就是"努力做"了，这当中会有挫折、沮丧和"不知何日出头天"的漫漫长夜等待，而你也很有可能再度被打倒。

怎么办呢？

有人在墙上贴满励志标语，每天在固定的时间默念。如，"海阔凭鱼跃，天高任鸟飞"、"同生天地间，为何我不能"、"即使爬到最高的山上，一次也只能脚踏实地迈一步"、"积极思考造成积极人生，消极思考造成消极人生"、"自己打败自己是最可悲的失败，自己战胜自己是最可贵的胜利"等；有人找个僻静的地方，痛快地流泪；有人拼命地看成功人物的传记，以此来鼓励自己；有人借运动来强化意志，忘却沮丧。

方法很多，不一定每个人都适用，但不管你的方法如何，你一定要努力做到自己鼓励自己——人遭逢低潮就有如孤身闯入原始雨林，在这种时候，只能自己拯救自己。

能自己鼓励自己的人，就算不是一个成功者，但绝对不会是一个失败者。因此，在每一天，我们要学会自己鼓励自己，自己给自己打气。这是一种努力，也是一种智慧。

♡—| 学 姐 寄 语 |—♡

对于在生活中被冷落的经历，不要认为这是一件坏事，其实这恰恰是一笔财富，深不可测的财富。这对心灵来说是一种磨练，对意志来说是一种考验，这让我们认识到成功的不易。在心灵遭受创伤之后，要学会自己修复。当遇到人生中的挫折时，我们应该怀着感恩之心，自己鼓励自己，理智而快速地走出人生的低潮。

年轻没有失败，有的只应是努力拼搏

　　一位屡屡失败的年轻人，向一位老者倾诉自己的不顺，他把自己说成一个一无所有的人。老者听后微微一笑，问："假如现在给你 1000 万元，让你明天就去死，你是否愿意？"年轻人几乎是不假思索地摇了摇头："刚成为富翁，一天也没有享受就死，太不划算了。"老者接着又问："那么给你 500 万元，让你变成老态龙钟呢？"年轻人又摇了摇头。老者这样一直追问下去，而年轻人却一再地做出否定的表示。最后老者笑了："那么一分钱也不给你，你还是像现在这个样子吧！"年轻人闻言后，忽然恍然大悟："是呀，我还年轻呀！我还有许许多多的机会和时间呀！"老者颔首答道："你总算是明白了，年轻就是资本，资本可以转化为财富。"

　　的确，与失败相比，拥有青春，拥有年轻的生命，拥有努力拼搏的精神，要远远比失败贵重得多。

　　年轻人可以有更多的时间、充沛的精力、丰富的想象力来面对自己的每一天和未来。年轻没有失败，只要敢想、敢做，并且不轻言放弃，那么一定有一天会把梦想的大门开启。

｜智｜慧｜心｜语｜

世界上最快而又最慢、最长而又最短、最平凡而又最珍贵、最易被忽视而又最令人后悔的就是时间。

——［苏联］高尔基

尽管，年轻使我们缺少了一些成熟，缺少了一些经验，没有许多所谓的资格、资历、资本等，但是，我们也应该知道，机遇面前人人平等，竞争面前不分老少。即使再成熟的水手，倘若没有充沛的精力、丰富的知识和超凡的智慧，同样随时会面临灭顶之险。

尽管，年轻使我们缺乏足够的阅历，显得稚嫩，常常容易犯错，甚至遭遇困惑与陷阱，但是，应该相信，年轻也会使我们获得许多谅解、支持与提携，进而可以使我们最终赢得一次次披挂上阵、突出重围的机会。

尽管，年轻使我们缺乏积累，底子薄弱，没有那些殷实的财富，令人炫目的权力与地位，成功时的鲜花与掌声。但是，我们也应该懂得，年轻可以拥有更多的时间来磨砺自己，克服弱点，养精蓄锐，调整坐标，重塑生命，迈向辉煌。

法国少年皮尔从小就喜欢舞蹈，他的理想是当一名出色的舞蹈演员，可是因为家境贫寒，父母根本拿不出钱来送他上舞蹈学校。皮尔的父母将他送到一家缝纫店当学徒，希望他学一门手艺后能帮家里减轻负担。皮尔因为自己无法实现心中的理想，心情烦闷至了极点。

皮尔认为，与其这样痛苦地活着，还不如早早结束自己的生命。就在他准备自杀的当晚，他突然想起了他从小就崇拜的有着"芭蕾音乐之父"美誉的布德里，皮尔觉得只有布德里才能明白他这种为艺术献身的精神。他决定给布德里写一封信，希望布德里能收下他这个学生。在信的最后，他写道，如果布德里在一个星期内不回他的信，不肯收他这个学生，他便只好为艺术献身了。

很快，皮尔便收到了布德里的回信。布德里在信中说，他小时候很想当科学家，因为家境贫穷无法送他上学，他只得跟一个街头艺人跑江湖卖艺……最后他说，人生在世，现实与理想总是有一定的距离，在理想与现实生活中，首先要选择生存。只有好好地活下来，才能让理想之星闪闪发光；一个连自己的生命都不珍惜的人，是不配谈艺术的……布德里的回信让皮尔猛然醒悟。后来，他勇敢地放弃了艺术，努力地学习缝纫技术，经过重重困难和失败之后，皮尔从 23 岁那年起，在巴黎开始了自己的时装事业。很快，他便建立了自己的公司和服装品牌。他就是皮尔·卡丹。

年轻的皮尔没有与现实较真，更没有放弃自己的生命。年轻就是力量，他凭借自己对未来的希望，经过了无数次的失败和失败后的努力拼搏后，他终于在自己的人生历程上涂上了一抹亮丽而厚重的色彩。

年轻没有失败，年轻就是未来。无限的未来都是属于年轻人的。年轻人如同刚刚出鞘的宝剑，锋芒四射，有无尽的锐气和干劲。记住一句话：一个人，在年轻时吃的苦头越多，将来成功的可能性也会越大。

♡—| 学姐寄语 |—♡

拿破仑曾说："光荣的成功不在于永不失败，而在于屡仆屡起。"贝多芬说："一个卓越的人的最大优点，是在不利与艰难的遭遇里百折不挠。"失败是一笔财富，它能给人奋发向上的动力，给人直面挫折的勇气，给人饱经风霜的坚强。对于年轻人来说，失败更是一笔财富，历经百炼，才能成钢。年轻人不要总为失败找借口，而要学会多为成功找方法。

成龙：30米远看偶像

大咖故事会

成龙是在李小龙去世后才正式走上影坛的。虽然他大鼻子、小眼睛，父亲是厨师，母亲是帮佣，家境贫寒，但他还是凭借自己的努力当上了主角。

之前，他为得到一个上镜机会，曾给当红的武师擦车做小弟，擦车时，他甚至认真到用牙签将车缝里的灰尘挑出来。

即便饰演一个先打先死的小角色，他也不遗余力，为了保证效果真实，拍危险动作时，他几乎不用防护设备。

导演见这个替身演员如此投入和拼命，在小角色不够用时，总会先想到他，因此他能不断地出现在影片中。

电影公司培养成龙，只是想把他塑造成李小龙的接班人。李小龙是第一个打入国际市场的功夫巨星，曾创造了香港有史以来最高的票房纪录，可惜英年早逝。成龙最初的10余部电影，甚至每一个动作，都模仿李小龙。

在他工作室的墙上，始终悬挂着李小龙的大幅剧照。然而，令人感到郁闷的是，无论电影公司和成龙怎样努力，他都没能像李小龙那样令影迷疯狂地热爱。

导演一遍又一遍地对比成龙和李小龙所演的电影，想弄清成龙为何不红。成龙在访谈节目中回忆说："导演没少骂我不像李小龙，要我多看一点他的片子，用心学他的动作。可是我本身就不是李小龙，我不是那样的性格，无论怎样学他，你看完，我还是不像啊！所以我就变，因为我慢慢发觉，不是我跟他一样，观众才接受我；是跟他不一样，观众才接受我，好像我们接受人家的东西一样。所以，我一定要变，要创新。"

多年后，导演袁和平请成龙拍一部电影——《蛇形刁手》。袁和平是成龙的师哥，两兄弟商量着一定要和李小龙不一样。成龙糅合小时候戏班里学的打斗、杂耍，把所有李小龙的武打动作都反过来。李小龙打完一拳威风凛凛，成龙却抱着胳膊喊："哎呀呀，痛。"李小龙演的是冷漠孤僻、宁折不屈的大英雄，成龙演的只是诙谐调皮、轻松自由的小混混。这回成龙才成为真正的成龙，鼻、眼、手、脚都是自己的，轻松、谐趣、喜剧味儿十足。让人意想不到的是，这部电影一上映就取得了惊人的票房。

沉浮经年的成龙，终于抓住了时代的脉搏破茧而出，把功夫电影推向了新的巅峰，迅速飘红于香港及世界影坛。20多年后，他身价过亿，英国女皇、日本首相、美国总统等许多国家元首成为他的影迷。美国洛杉矶、旧金山、好莱坞及加利福尼亚州等全世界数十个地区和城市分别设立"成龙日"。他拿到过无数大奖，在全世界拥有的影迷超过3亿人，成为唯一一位在好莱坞星光大道上留下手印、脚印、鼻印，入选美国《人物》杂志评选的100位当今全球最伟大影星的中国演员。虽然这成功的背后是他从头到脚100多处伤痕，10余次重伤，几次差点搭上性命，但是，掌声、鲜花和财富最终都归属于了他。

成功有的时候就是这样，费尽心血模仿别人，观众偏偏不买账，流泪、伤心、哀求都无济于事；而不经意的自然发挥，反而迎来了命运之神的眷顾。成龙成功以后，很多媒体和观众把他形容为李小龙第二。其实，在人们心底，李小龙不过是一个成功印象，无论是谁，继李小龙之后获得李小龙那样的成功，都要被大家认为是李小龙第二。

成龙的经历，不能不令人感叹人生之艰辛，成功之曲折。假如命运同样赐予我们与成龙一样的境遇，面对卑微的人生和无数次冷眼的伤痛，面对高不可攀的偶像，我们还有信心和毅力苦苦追求吗？如果不能，就没有理由抱怨命运不公。

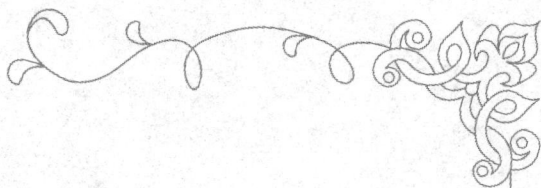

PART 04

现实很残酷，你要变强大

现在竞争越来越激烈，竞争不再只是知识与专业技能的竞争，更是一个人学习能力的竞争。学习提升能力，知识改变命运。随着知识、技能的折旧速度越来越快，一个人只有不断地努力学习，才能不断地提升自己，才能在人群中脱颖而出，进而赢得成功。

人生的道路虽然漫长，但紧要处常常只有几步，特别是当年轻的时候。

——柳青

努力学习才能取得进步

一个人想要有所成绩，必须要有不断努力学习新知识的渴望，必须要有向成功人士和杰出同行学习的肚量，然后模仿、运用、调适。如果肯为此而努力的话，就会不断地进步，有时候还可能会青出于蓝，超越自己所学习的对象。

一起来看看李嘉诚是怎样通过学习，一步步走上成功路的。

20 世纪 50 年代中期，李嘉诚揣着强烈的希冀和求知欲，登上了飞往意大利的班机去考察一家公司。

他在一家小旅店安下身，就急不可待地去寻访那家在世界上开风气之先河的塑胶公司。经过两天的奔波，李嘉诚风尘仆仆来到该公司门口，却戛然止步。他素知厂家对新产品技术的保守与戒备，也许应该名正言顺地购买技术专利。情急之中，李嘉诚想到一个绝妙的办法：进这家公司去学习。

由于这家公司的塑胶厂招聘工人，所以他就去报了名，被派往车间做了一名打杂的工人。李嘉诚负责清除废品废料，因此，他能够推着小车在厂区各个工段来回走动，但是他的双眼却恨不得把生产流程吞下去。李嘉诚每次收工后，都是急忙赶回旅店，把自己观察到的一切记录在笔记本上。

他对整个生产流程都熟悉了。可是，属于保密的技术环节还是不得而知。于是，在假日，李嘉诚邀请数位新结识的朋友，到城里的中国餐馆吃饭，那些朋友都是某一工序的技术工人。李嘉诚用英语向他们请教有关技术，佯称他打算到其他的厂应聘技术工人。李嘉诚通过眼观耳听，悟出了塑胶花制作配色的技术要领。

最后，李嘉诚满载而归，终于凭借着自己善于努力学习的才能，一步步地创就了一番大业。李嘉诚对于干事业的激情和在工作中的学习态度，值得我们学习。

再来看看下面这个故事。

东初中毕业之后辍学一直在家。后来，他决定去在城里已经打工三年的表哥那里找一份工作。

表哥做的是力气活，所以，也给东找了一份同样的工作。东对待自己的工作认真，也肯出力，但他看着公司里那些坐办公室的白领却羡慕得不行，因为，他们挣的工资是他的 10 倍。这时，东才意识到知识的重要性。东上班一个月后，就偷偷地利用晚上业余时间去参加电脑培训班学习，随后又参加了高等教育自学考试。

打工的钱，东大都用在了学习上。他的表哥教训他："东，咱们就是出苦力的命，你就别癞蛤蟆想吃天鹅肉了。挣几个钱也该娶个老婆养个儿子了，这才是正经事。"东听了不服气，却也不争辩，只是照样看他的书。就这样三年下来，人家挣了两万多元钱，东却只拥有了一张自考大专文凭、三个培训班的结业证书和满满三纸箱的书。

有个晚上，公司的库房突然失火，他的老板急得几乎是要跪着求大家去救火。员工们都不肯出力，因为库房里有易爆物品，抢救过程中可能会发生爆炸，弄不好会把命送掉，唯有东救火最卖力。后来消防队来了，火很快被扑灭了。

东的表现给老板留下了深刻的印象。一个星期后，老板把东找到办公室里，亲自塞给他一个厚厚的红包。老板替东倒了一杯茶，就和东闲聊起来。他没想到眼前这个土得掉渣的打工者看问题、谈经营极有见地，当下拍板让东当了自己的助理。

东做了两年，业绩相当不错。后来，他又被提升为公司副总经理，而他的表哥却换了无数家公司，干的还是力气活。他的工资只有东的1/20。

一个善于努力学习的人，生活一定会给予他更多的回报。东从一个打工仔，到成为一家公司的管理者，这绝不是偶然的，而是通过刻苦学习、努力进取得到的。

只要对所从事的工作脚踏实地、任劳任怨，而且还懂得不断地为自己充电，不断地提高自身的素质，有志于去努力，就会不断地取得进步。

努力学习，就要掌握最佳的学习方法，就要具备很强的学习能力。要学贵有诚，诚，就是真心实意地学习，而不是走马观花地应付。要学贵在用功，也就是下真工夫。要学贵在深，满足是学习的大敌。学习必须从不自满开始，无论取得多好的成绩，也不能停顿。要学贵在用，向他人学习，归根到底是为了提高自己。

把喜欢的工作做出色，并带来好的收益，是每个人都希望的，而做到这些，要从哪里入手呢？从每天的学习中入手。在学习中，除了提升自身的素质，同时也要努力提高学习效率。这样一来，才会成为一个优秀人才。

"未来唯一持久的优势是，比你的竞争对手学习得更好。"这是彼得·圣吉的忠告。在今天，学习已经成为人们赖以生存的一种手段。

未来的竞争实质上就是学习的竞争，谁学习得更快、理解得更深，谁就会走在发展的前列。在竞争日趋激烈的今天，人们面临着社会、技术高速发展和高频变革的挑战，面临着更新观念和提高技能的挑战，因此，就需要建立终生学习的目标。

通用电气公司（GE）首席教育官、GE发展管理学院院长鲍勃·科卡伦在《我们如何培养经理人》一文中提出：

"在GE内部，一旦你进入了公司，你是来自哈佛大学，还是一个不起眼的学校并不重要。因为，一旦你进入公司，你的表现比你过去的经历更重要。如果从事一项新工作，你做得不是太好，没关系，我们知道你在学习，你能追上来。我们希望员工的表现高于一般期望值，工作得很出色。不过，期望值不是一成不变的，期望值会随时间而变化。如果你停止学习，一段时间内一直表现平平，而期望值因为竞争的关系，因为客户需求，因为技术进步而上升，而你却不再学习，你就可能被淘汰。要知道在企业，期望值年年上升。如果你今年销售额达到2000万美元，明年就要达到2200万美元，而在接下来的年头，你需要做更多。

如果你停止学习，从个人的角度看这个问题，就像水在涨，而你就站在那里，你不会游泳，就被淹死了。这对你个人和事业来说都是一件坏事。

对于职场人士来说，学习是十分重要的。从不懂到懂，直到成为专业能手，就是一个不断学习实践的过程。不学习将失去竞争力，好员工永远把'学习、学习、再学习'作为自己的座右铭。在勤奋和好学的基础上，员工也自然而然会在实际工作中产生新思路、新做法，这样的员工才称得上是优秀的员工。"

在这个"知识经济"时代，我们必须注重自己的学习能力，必须勤于学习、善于学习，并且终身学习，才能在今天这个竞争激烈的社会中立于不败之地。

的确，生活在这个日新月异的时代里，也只有这样去做，才能使自己每一天都能做得更好。同时学习也要讲究方法，改进学习方法的本质目的，是为了提高学习效率，使自己的努力有一个高质量的结果。

学习效率的高低，是一个人综合学习能力的体现。在学生时代，学习效率的高低主要对学习成绩产生影响。进入社会之后，还要在工作中不断学习新的知识和技能，这时候，一个人学习效率的高低则会影响他的工作成绩，继而影响他的事业和前途。所以说，养成好的学习习惯，拥有较高的学习效率，对一个人的发展大有益处。

提高学习效率并非一朝一夕之事，需要长期的探索和积累。前人的经验是可以借鉴的，但必须充分结合自己的特点。影响学习效率的因素，有学习之内的，但更多的因素在学习之外。这就需要在每一天努力养成一个良好的学习习惯，合理利用时间，另外还要注意"专心、用心、恒心"等基本素质的培养，对于自身的优势、缺陷等更要有深刻的认识。

如果你是一名为了前程而再学习的学习者，以下几个提高学习效率的方法对你会有所帮助。

1. 给自己定一些时间限制

连续长时间地学习，很容易使自己产生厌烦情绪，这时可以把书本分成若干个部分，把每一部分限定时间，如一小时内完成这份练习、八点以前做完那份测试等，这样不仅有助于提高效率，还不会产生疲劳感。如果可能的话，逐步缩短所用的时间，不久你就会发现，以前一小时都完不成的任务，现在四十分钟就完成了。

2. 不要在学习的同时做其他事或想其他事

一心不能二用的道理谁都明白，可还是有许多人在边学习边听音乐。或许你会说听音乐是放松神经的好办法，那么你尽可以专心地学习一小时后全身放松地听一刻钟音乐，这样做比戴着耳机做功课的效果好多了。

3. 不要整个晚上都看同一门课程

很多实践都证明，整个晚上看一门课程非但容易疲劳，而且效果也很差。如果每晚安排学习两三门课程，穿插进行，情况就会好很多。

总之，学习对每个人来说都是终身的事情。在工作和学习中，我们的学习能力提高了，相对的自身全方位的素质也会逐渐提高，这样的努力，对以后的发展无疑是有助益的。

♡—| 学 姐 寄 语 |—♡

法国作家左拉曾说："知识会使精神和物质的原野变成肥沃的土地每年它的产品将从十倍的增长率，给我们带来财富。"此话很有道理。我们需要主动地学习知识，努力提高学习效率，这样才能在学习中提升各方面的素质和能力。

读书是一种快乐的努力

　　读书，自古以来都是文人、志士、企业家经常会提到的一个焦点。关于读书的意义，相信很多人都能说出它的一大堆好处。事实的确如此。在今天，书给一个人所带来的财富和价值更是可观。今天，我们可以这样来理解读书的含义：一个人成功的因素不只是读书，但是，读书却是一个人成功的重要因素。古往今来，无数的圣哲、文学家、教育家，无不是在让读书成为一种习惯中，走向成功的。

　　也许有些人会说，我不喜欢看书，我喜欢看电影。那么，可以说，这样的人一定会比经常看书的人进步得速度慢。当有一天，你发现"书到用时方恨少"的时候你就会意识到，读书，不仅只是某种爱好，它已经被当成一件事情或者工作来做了，而这种认识正是由于对书产生浓厚兴趣后达到学以致用了。这种兴趣就像一棵根植在生命里的大树，生长出一片片苍翠的绿荫。

　　我们都要养成读书的习惯。也许也有人会问，读书只是一种爱好，非要把它当成习惯来培养的话是不是有些太刻意太牵强了？要知道，凡喜好读书的人，都会有这样的认识："爱好"是通过兴趣来培养的，而"习惯"正是在兴趣的潜移默化中形成的。习惯的养成可不是一朝一夕间的事情，它可以成为一个人一生中不可逆转的，

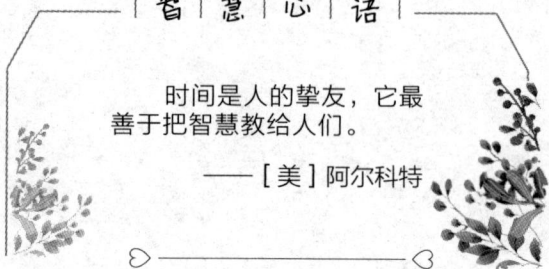

智 | 慧 | 心 | 语

时间是人的挚友，它最善于把智慧教给人们。

——［美］阿尔科特

不会因环境和岁月的变迁而改变的生活方式。读书被当成一种习惯后，正如我们穿衣、吃饭、行路这些生活中必不可少的内容一样，它的存在应该是让生命保持活力的一种内在体现。它更像脚下的一块基石，越是沉重，扎在土里的根基越牢固，我们站在上面就越感觉踏实，也许正是这种踏实感，让我们体悟到读书的快乐，从而在快乐中去寻求人生的方向和发展。

说到读书对一个人的好处，英国哲学家培根有一句话说得很精准，也十分令人咀嚼和回味，他在《论求知》中说道："读书可以作为消遣，可以作为装饰，也可以增长才干。"哲学家培根所阐述的读书的三种用途，恰到好处地概括了读书的三种意义。

先来看作为消遣一说。这是我们读书开始与烦躁时所抱有的思想。初学者对知识并无渴求之感，读书的意义也就是消磨时光；而烦躁之人因无法静下心来读书，感到事物都无聊透顶，便也用读书来打发时光。殊不知，这样的读书意义便像学者们讲述的"道，可道，非常道"一样，与读书的本质大相径庭，差距颇多。所以讲，消遣是读书中最初级也是较浅薄的。

继而上一个台阶，看看装饰。这个读书用途、意义便是我们大众读书时所抱有的心态。在家中放一套"四书"，装作文雅地诵读几句《论语》，好在与他人高谈阔论时有所谈及，这便构成了读书的进一步意义——作为装潢，或者是说铸成谈笑风生时的资本。抑或，在寂寞无聊之际，拿起一本书，随手翻阅几篇文字，来充实和装饰一下内心的空虚，使之多出几分感动和感恩之情。

前两种读书之义，都称不上是真正地去读书，深层挖掘且要看增长才干。读书增长才干不是讲要一味地按照书本的学问来办事，那样只会变成偏执的书呆子。实践可以改进知识。读书的意义便是为实践提供理论上的帮助——帮助理论能在进一步的推导中变得更加真实。要知道，读书是一种快乐的努力。它使人内心丰富，也为梦想插上了飞翔的翅膀。

当我们在烦恼时读"千磨万击犹坚劲，任尔东西南北风"的诗句时，感觉就像是一把梳子在不停地梳理我们的思想，在向我们展示一种贯穿生命的不屈与坚强，使全身痒痒的，不由自主地"扑哧"一声笑起来。这时，我们便会从压抑的烦恼中逃脱出来，使自己对人生充满了自信和乐观。

当我们在受挫时读李白的"仰天大笑出门去，我辈岂是蓬蒿人"，仿佛是春天的微风拂面，杯中的美酒醉人，使人不由生出一种无惧。更不会怕那前方路漫漫，披荆斩棘，而去自创辉煌。

书是我们工作和学习中前行时、上进时、努力时不可缺少的工具，也是我们智慧的源泉，精神的产物。珍爱书，热爱读书，是一个人提升自身素质的最好途径，也是一种快乐的努力。

翻着自己喜欢的书，日子会变得丰富多彩。读一本好书，心境更会有金石为开、琴瑟曼妙之感。养成读书的习惯，犹如结交了一位挚友。人生任重而道远，这道中时常有"挚友"相助的话，自然能走得更稳、更远。

俗话说："金无足赤，人无完人。"每个人无论在工作中还是在生活中，都会犯错误。犯了错误不要紧，问题的关键是一个人认识错误的态度。犯了错误不承认，等于错上加错，自欺欺人；为自己的错误找各种理由加以解释，则等于掩耳盗铃，受害的还是自己。因为，对我们最有害的，不是别人的所作所为，也不是我们自身的缺失，而是不能正视这些缺失。一个人能够真正地正视自己的缺点、错误，还能够从失败中吸取教训，是一种有益的努力。这不但是一种成熟，也是一种智慧。

道斯·洛厄尔是毕马威公司美国加州分公司的一个"超级员工"。在他的岗位上，他创造出了自己的辉煌：连续5年工作无丝毫误差，获得过超过500位客户的极力称赞，并在他的公司中获得了同事与主管的一致认同。

洛厄尔刚加入他的公司时，对公司的运作情况还不是很清楚。刚开始他想得很美好，认为不过就是算算账而已，然而接下来的一系列失败让他认识到绝不是这么简单。在他开始上班的第一个月，他交给部门经理的一张报表就出现了一个相当大的失误：在一项金融计算中，存在一个他没有使用过的计算公式，结果，错用了计算公式使计算结果出现了很大误差。

部门经理让他重新做这张报表。洛厄尔对这第一张报表的失误非常重视，他认识到自己的专业知识上还有很多的欠缺。于是，他从这个计算公式入手全面系统地重新学习了相关知识，并成为这方面知识的专家。但是，并不是说从这以后他就再没有遇到过失败，恰恰相反，他仍然遇到各种各样的失败，但他已经养成了从失败中学习的习惯：与客户面谈失败之后，他从中学习经验教训，最后成为一个与客户交流的高手；第一次开发新的客户，对方并不接受，总结失败教训，他最后做到了一个人开发了分公司15%的客户……这一切的成就都来自他不断地向失败学习的努力。

总结经验，学习经验是一个人进步的阶梯，可以离成功更近。如果一个人还善于把别人的教训用成自己的经验，这不失为一种高超的学习方法，一种使自己进步的技巧，更是一种智慧。"失败是成功之母"，从失败中吸取经验教训，能让人少走很多弯路。

有五只骆驼在沙漠里吃力地行走，它们和主人率领的十只骆驼走散了，前面除了黄沙还是黄沙。它们只能凭着最有经验的一只老骆驼的感觉往走。

不一会儿，从它们的右侧方向走出一只精疲力竭的骆驼。原来它是一周前就走散的另一只骆驼。另外四只骆驼轻蔑地说："看样子它也不是很精明啊，还不如我们呢！""是啊，是啊，别理它！免得拖累咱们！""咱们就装着没看见，它对我们可没有什么帮助！"

四只年轻的骆驼你一言我一语，都想避开这只骆驼。老骆驼终于开腔了："它对我们会很有帮助的！"老骆驼热情地招呼那只落魄的骆驼过来，对它说道："虽然你也迷路了，境遇比我们好不到哪里去，但是，我相信你知道往哪个方向是错误的。这就足够了，和我们一起上路吧！有你的帮助我们会找到主人的！"后来，它们果然找到了主人。

在日常生活中，我们要能从别人的失误中提炼机遇，从别人的失败中学习经验，这对我们努力的方向来说是一种帮助。把别人的失败当成对自己的忠告，非常有利于个人成长。

美国的基姆·瑞德先生曾从事过沉船寻宝的工作。有一天，他偶然看到一只高尔夫球因为打球者动作失误掉进了湖水中。霎时，他仿佛看到了一个机会。从那以后，他在各种高尔夫球场的水障湖中捞起了数以十万计的高尔夫球，后来，他干脆成立了收购公司，从别的打捞者手中收购。他的总收入，在数年中就达到了 800 万美元之巨。对于掉入湖中的高尔夫球，别人看到的是失败和沮丧，而瑞德看到的却是财富和机会。

有人说，成功的过程大多相同，而失败的形式却各不一样。失败有时候比成功能教给一个人更多的东西。在为自己的目标而努力的时候，一个聪明的人不需要每件事都去经历的。如果能从别人的失误中吸取教训，那么将会少走很多弯路，并会使自己越来越出色，并能逐渐走向成功。

◇—| 学 姐 寄 语 |—◁

每个人都会犯错误，也都会遭遇到失败。在错误和失败面前，自责和沮丧是无济于事的，重要的是要吸取教训，向错误和失败学习，这样才能避免以后犯错误，才能避免以后遭遇失败。怀着谦卑谨慎的态度，向错误和失败学习，更能使自己进步。

进行自我反省，努力修正自己

一个人之所以能够不断地进步，与努力中不断地自我反省有着必然的联系。做一件事情时，找出自己的缺点或者做得不好的地方，然后不断改正，以追求完美的态度去做事，你就能取得一个又一个的进步与成功的机会。

英国著名小说家狄更斯的作品非常出色，但是，他对自己却有着一个规定，那就是没有认真检查过的内容，绝不轻易地读给公众听。每天，狄更斯会把写好的内容读一遍，每天去发现问题，然后不断改正，直到六个月后读给公众。

与此相同的是，法国小说家巴尔扎克也会在写完小说后，花上一段时间不断修改，直到最后定稿。这一过程往往需要花费几个月甚至几年的时间。正是这种不断自我反省、自我修正的态度，让这两位作家取得了非凡的成就。

曾子曾说："我每天多次自我反省：替别人办事是否尽心竭力了呢？同朋友往来是否诚实呢？老师传授我的学业是否复习了呢？"正是曾子这种善于反省自己的学习态度使孔子认为他能够继承自己的事业，所以特别注重传授自己的学业给他。

　　曾子对他的学生子襄讲什么是勇敢时，引用孔子的话说："你喜欢勇敢吗？我曾听孔子说过什么是最大的勇敢：自我反省，正义不在自己一方，即使对方是普通百姓，我也不恐吓他们；自我反省，正义在自己一方，即使对方有千军万马，我也勇往直前。"由此可见，我们古代的先贤圣人，无不是在每一天的反省里提高自己为人处世、做学问的能力的。

　　在生活和工作中，也应让自己学会自我反省、自我修正，并能以不断地追求去实现心中美好的梦想。一个善于自我反省的人，往往能够发现自己的优点和缺点，并能够扬长避短，发挥自己的最大潜能；而一个不善于自我反省的人，则会一次又一次地犯同一个错误，以至于不能很好地发挥自己的能力。

　　一位小伙子，大学毕业后进入一家非常普通的公司工作。公司安排新员工从基层做起。其他新员工都在抱怨："为什么让我们做这些无聊的工作？""做这种平凡的工作会有什么希望呢？"这位小伙子却什么话都没说，而是主动地去做事情。他每天都认认真真地去做每一件领导交给他的工作，而且还帮助其他员工去做一些最基础、最累的工作。由于他态度端正，做事情常常又快又好，更难能可贵的是，小伙子是个非常有心的人，他对自己的工作有一个详细的记录，做什么事情出现问题，他都记录下来；然后，再很虚心地去请教老员工，以便以后不再犯同样的错误。由于他的态度和人缘都很好，大家也非常乐于教他。经过一年的磨炼，小伙子掌握了基层的全部工作要领，很快地被提拔为了车间主任；又过了一年，他成为部门的经理，而与他一起进去的其他员工，却还在基层抱怨着。

　　小伙子是一个非常有心的人，他不仅没有小瞧自己平凡的工作，而且对待工作还很认真。通过主动学习以及经常反思不足，他进步很快，最终得到了提拔。这位小伙子是善于自我反省，努力修正自己的。

　　善于反省自己，就是在遇到问题时"照镜子"，不断洞察自己的不足，时刻保持一颗平常心、感恩的心和宽容的心。善于反省自己，就是不断总结前一段的工作，查找出工作中的差距，仔细分析自己为什么没有做到完美，然后制定出详细的解决办法与下一步的工作目标，努力使自己朝着这个目标前进。即使做不到，也会为自己每一点的进步感到欣慰。久而久之，工作中的问题逐渐解决，工作方法也会有很大的改变。

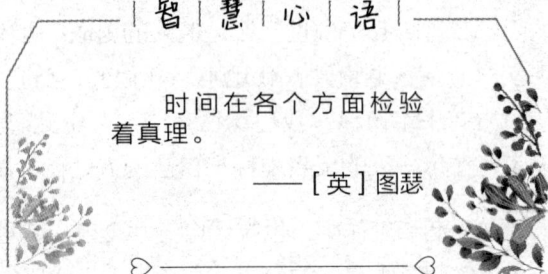

｜智｜慧｜心｜语｜

时间在各个方面检验着真理。

——［英］图瑟

反省，同时也包括对别人的经验教训的思考和总结。个人的经验教训虽然来得更直接、更真切，但其广度和深度毕竟有限，要获得更加广博而深刻的经验，还要在反省自身的基础上，善于从别人的经验教训中学习。记得一位哲人曾说："成本最低的财富是把别人的教训当作自己的教训。"倘若人不但能反省自己，还能反思别人，善于从他人的经验教训中得到启示，就可能会为自己取得同样的成功、避免同样的失误。

在少数人的潜意识里，也许会把反省认为是只有老年人才会做的事情，一个雄心勃勃正在求上进的人会将之视为一种做事不果断的行为。其实，反省对于任何年龄的人都是有必要的，而作为一个年轻人，更要学会善于反省自己，因为年轻人走的路少，在发展的道路上很容易使自己出现失误和差错；后面的路长，反省就更有必要、更有价值。

综上所述，一个人的反省行为，归根到底是一种从认识到实践的过程。歌德曾说："知之尚需用之，思之犹应为之。"每个人，在各自的努力的过程中，除了要善于反省，还要善于将反省的思考付诸实践——努力修正自己。只有这样，才会使我们过去路途上的失误变成今后的成功，使过去的一个个小成功变为今后更大的成功。

一个人要想让自己在工作中、学习上或者为人处世时有所进步和提高，得到更多人的肯定和认可，有一个很容易的方法，那就是经常反省自己的不足之处和学习别人的经验教训。这是一种学习能力。每天进行自我反省，改正自己的缺点和不足，就是进步，坚持下去，你将受益匪浅。

生活在这个社会上，每个人都要与其他人交往，而要处理好身边的人际关系，做一个人人喜欢的人，重要的一点就是永远保持一种谦虚的态度。否则，别人就会拒你于千里之外，这时就是有再高明的想法也难行得通。要知道，只有永远保持谦虚的心态，才能使人进步，才能使人真正地成长起来。

谦虚，不是虚伪，更不是虚弱，而是低下头来尊重他人，人尽其才、物尽其用。谦虚，不能事事争第一，而应该处处为他人着想，通过多年来的工作实践，时刻保持谦虚的心态，以自己的行为带动周围的人，促使大家一起进步。

谦虚，也不等于自卑。自卑者在别人要把一项工作交给他时，他会说"我做不到"、"我太差了"等灰心的语言，把自己放在最低等的位置上，而谦虚的人则是在得到了十分好的成绩时，不骄傲，只是说"我还需要努力"、"我还不够棒"之类的话。

具体来说，谦虚是指做人不自满，肯接受批评，并虚心向人请教。有真才实学的人往往虚怀若谷，谦虚谨慎；而不学无术、一知半解的人，却常常骄傲自大，自以为是，好为人师。谦虚是一个人进取和成功的必要前提。

有一回，齐国的国君要封扁鹊为"天下第一神医"。然而扁鹊却坚决不受，说自己并不是天下第一，自己的两个哥哥医术都比他高明。国君闻之稍感不解，问道："既然你的两个哥哥的医术都在你之上，为何此二人名不见经传？"扁鹊答道："我二哥扁雁能够治大病于小恙，还在那些重大疾病只出现微小症状之时，就能加以诊断并及时根治，所以，他只是在家乡的村里小有名气，村里人知道有小毛病可以去找二哥；而大哥扁鸿的医术更加出神入化，能够防病于未然，只要看人一眼就可以判断出这个人可能得什么毛病，然后在其得病之前就及时治疗，所以，只有家里人知道大哥的医术高明，连村里人都不知道大哥的水平。只有我扁鹊，既不能治大病于小恙，又不能防病于未然，等到我妙手回春时，病人已经病情很重了。所以，我的两个没有名气的哥哥才是神医，而我只是名满天下的名医。"

扁鹊就是这样一个如此谦虚的人。"神医"、"君子"的尊称对于他来说是受之无愧的。

一次，徐悲鸿正在画展上评议作品。一位乡下老农上前对他说："先生，您这幅画里的鸭子画错了。您画的是麻鸭，雌麻鸭尾巴哪有那么长的？"原来徐悲鸿展出的《写东坡春江水暖诗意》，画中麻鸭的尾羽长且卷曲如环。老农告诉徐悲鸿，雄麻鸭羽毛鲜艳，有的尾巴卷曲；雌麻鸭毛为麻褐色，尾巴是很短的。徐悲鸿接受了批评，并向老农表示深深的谢意。一个成功而又谦虚的人，总会让人敬仰。

京剧大师梅兰芳先生，不仅在京剧艺术上有很深的造诣，而且还是丹青妙手。他拜名画家齐白石为师，虚心求教，总是执弟子之礼，经常为齐白石磨墨铺纸，从不因为自己是名演员而自傲。

梅兰芳不仅拜画家为师，他也拜普通人为师。有一次，他在演出京剧《杀惜》时，在众多喝彩叫好声中，他听到有个老年观众说"不好。"梅兰芳来不及卸装更衣，就用专车把这位老人接到自己的家中，恭恭敬敬地对老人说："说我不好的人，是我的老师。先生说我不好，必有高见，定请赐教，学生决心亡羊补牢。"老人指出："阎惜姣上楼和下楼的台步，按梨园规定，应是上七下八，你为何八上八下？"梅兰芳恍然大悟，连声称谢。以后，梅兰芳经常请那位老先生观看他演戏，请他指正，称他"老师"。梅兰芳先生无论是做人还是立业，都使我们每一个人感动和佩服。

很多谦虚的例子，不胜枚举。那些成功的人，都拥有着一颗谦虚的心，不因为自己的不凡而瞧不起自己身边的人，值得我们学习。

谦虚是一种气质。谦虚的人，内心是平和的，表情也是平静的，没有丝毫的紧张，没有丝毫的失落。有的只是平稳镇静，让人有一种亲近的感觉，给人一种舒畅的味道。

谦虚是一种品质。拥有谦虚品质的人，易使人接近，也会产生共鸣，给人一个很轻松的体验。这种品质是美的，也让人尊敬，大家都喜欢谦虚的人。

谦虚的人还容易与其他人打成一片。有了谦虚的心态，他们就会表现出一定的姿态，但凡谦虚的人，身边都会有一个好的生活工作环境，也都有一个美好的未来。有这样的名片在手，他们终生都会受益。

总之，可以说，一个谦虚的人，其将来的进取和发展是永无止境的。因为，他们永远都保持着谦虚的态度，不骄傲，不满足。在生活和工作中，一个谦虚的人不会伤害他人，能够鼓励他人，更能使自己不断地成长。谦虚是一种既利人更能利己的美德。做人就要使自己成为一个谦虚的人，这样才能提高自身各方面的素质，使自己的努力有成效。

法国思想家卢梭这样谈自己对谦虚的看法："伟大的人是绝不会滥用他们的优点的，他们看出他们超过别人的地方，并且意识到这一点，然而绝不会因此就不谦虚。他们的过人之处越多，他们越认识到他们的不足。"这句话适用于我们每个人。谦虚之人虚怀若谷，博采众家之长，只要再加上努力，一定可以成大器。

我们现在所处的时代是一个信息、知识更新飞快的时代，每个人也都有着切身的体会。例如，当一周请假不上班，再去上班时就会感觉到自己比其他人少学了很多东西。各行各业都是这样。在这个时候，我们必须努力给自己"充电"以适应这种日新月异的变化。

在工作中，许多时候都需要我们运用新知识、新信息，才能更有实效地完成任务。因此，我们必须让自己时刻走在知识的前沿，不断地充实自己的工作知识，还要学习其他知识以丰富自己的头脑。只有这样，我们才不会被职场的残酷淘汰，也只有这样，通过不断地"充电"，我们才能不断地让自己进步和提高，以立于不败之地。

原惠普女强人 CEO 卡莉在谈到她的学习时强调："不断学习是一个CEO 成功的最基本要素。这里说的不断学习，是在工作中不断总结过去的经验，不断适应新的环境和新的变化，不断体会更好的工作方法和效率。我在刚开始工作的时候，也做过一些不起眼的工作，但我还是从自己的兴趣出发，找最合适的岗位。因为，只有我的工作与我的兴趣相吻合，我才能最大限度地在工作中学习新的知识和经验。在惠普，不只是我需要不断学习，整个公司都有鼓励员工学习的机制，每过一段时间，大家就会坐在一起，相互交流，了解对方和整个公司的动态，了解业界的新的动向。这些小事情，是能保证大家步伐紧跟时代、在工作中不断自我更新的好办法。"

一个 CEO 成功的秘诀在于对于自身工作的不断进步和更新，我们想要在自己的领域里绽放光芒，更没有任何捷径可走，最近的捷径就是闲暇时间多给自己"充电"。

只有努力给自己经常"充电"才会有新动力，才能使自己在今后的激烈竞争中取得优势，走上发展的道路。但是，为自己"充电"就像我们的"皮肤补水"一样，只有皮肤需要补水时，皮肤才会有效地吸收，否则就会是一种无用的补水。

那么，什么时候才是"充电"的最佳时机呢？主要来说，有以下几个方面：

1. 当工作中缺乏专业知识时

当工作中缺乏专业知识时，不"充电"是不行的。对于这类人来说，"充电"不能选择走走看的方式，尽快"充电"才是理性的选择。

2. 当缺乏职场安全感时

在变化不断的职场上，很多人即使已是身为主管的高级人才，仍没有安全感和归属感，甚至也害怕下台的一天。所以，趁有机会时，读点书、报个班多给自己攒些本钱，是很多职场人士的必要选择。

3. 当职业发展缓慢时

理性的职场人，他们都会对自己的职业发展前景进行仔细、认真地规划。因此，对这些人来说，他们很清楚自己所走的每一步路。当他们看到自己在职业发展的过程中，处在一种徘徊、消极的状态时，他们会提前为自己打算。选择的方式就是"充电"，以便使自己职业选择的道路更宽。同时，在职场选择中站在十字路口的人，也应该通过及时"充电"，找到适合自己的职业、岗位，走出职场的困惑期。

4. 当需要更新知识结构时

职场上的任何一个人，要想在日新月异的行业中求得发展，求得生存，就必须主动来更新自己的知识结构，掌握最新的技能、技术，给自己职业的发展补充新鲜血液。

知道了需要"充电"的时间点之后，学习就能有成效，这样做对自己来说是有利的。当然，对于每一天中的其他空闲时间，多学习一些其他知识和学问也都会对自己有帮助，但是这样的帮助是片面的，不能为我们的工作和发展起到最直接、最有效的帮助。因此，这两者应分开来看待。

除此之外，我们在假日中可以学习的其他技能也有很多，如驾驶、制图，甚至是烹饪、插花、舞蹈……很多职业技能不只是作为找工作的筹码，用在生活中也能使你游刃有余。

总之，只有我们的工作能力足够硬，才能在压力较大的职场中创出自己的一片天地。反之，工作能力不强也不必自卑，要记住：努力可以改变一切。只要肯学习，只要去努力，利用空闲时间多给自己充充电，你就能成为一个优秀的人。

♡—| 学 姐 寄 语 |—♡

俗话说得好："笨鸟先飞。"一个事业心、上进心、成功欲强的人，总是会给自己找出许多理由、许多时间学习知识，学习各方面有助于自己成长和发展的本领。如果你是一个追求上进的人，那么利用空闲时间多给自己充充电，不失为是一种高明的努力。

李嘉诚：爱是成功的通行证

大咖故事会

他是一个孤儿。17岁的时候，他离开舅父，开始独立生活。对于贫穷的他来说，最重要的是找到一份能养活自己的工作。可是，他试了几次，都没能如愿。

一天，他到一家五金厂应聘推销员，因为他不善言辞，公司经理问了他几个问题后没怎么考虑就拒绝了他。他知道又没有希望了，但他还是面带微笑。他微笑着收回自己的材料，用手掌撑了一下椅子站起来，准备离开。就在这时，他觉得自己的手被什么扎了一下。他低头一看，原来椅子上有一颗钉子露出了头。他看见桌子上有一块镇纸石。于是，他拿起镇纸石敲了敲钉子，然后用手摸了摸，再没什么感觉时，他才转身离去。几分钟后，公司经理派人将他追了回来，他被聘用了。他问经理为什么改变了主意，经理笑着说："因为你有一颗善良的爱心。爱，是成功的通行证。我想，你肯定会成为我们公司最出色的推销员！"

他成为推销员后，对自己并不起眼的工作倾注了全部的爱。他说，爱是了解，爱是关心，了解产品，关心顾客。就这样，他的销售业绩一路飙升，很快他就成了公司的销售大王。

后来，他积累资金自己开了公司。他在自己的公司里启用有爱心的人做公司的管理者。他就是用爱走向成功的华人首富李嘉诚。他能在一件很细小的、与自己无关的事情上体现出对别人的体贴和关心，他的爱是真诚而博大的。正因为他有这样博大无私的爱，并养成了爱的习惯，才得到了巨大回报。

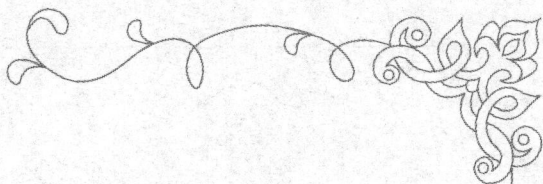

PART 05

渴望戴皇冠，就需自身硬

将欲取之，必先与之。这句话道出了付出的真谛。一个人要想"取"，就要先"与"。例如，要想在工作上做出成绩，就必须先要付出心血和汗水；要想得到别人的帮助，就必须先要去帮助别人；要想得到别人的爱，就必须先要去爱别人，等等。世上没有不劳而获的午餐。在生活和工作中，要想有所收获，先要学会付出。

谁要游戏人生，谁就一事无成；谁不能主宰自己，谁就永远是一个奴隶。

——［德］歌德

付出是一种快乐，也是一种能力

有一个孩子手里拿着一个橘子，问："妈妈，为什么橘子不能拿来就吃，而要剥皮呢？"母亲告诉孩子："那是橘子在告诉你，你想要得到东西，不是伸手就能得到，而是要付出相应的劳动。"孩子又问："为什么橘子里的果肉是分成一小瓣一小瓣的，而不是完整的呢？""孩子，那是橘子在告诉你，生活的甘甜和幸福，是用来慢慢享用的，是一小瓣一小瓣慢慢品味的，而不是用来挥霍的，更不是用来浪费的。这也就是告诉你，要懂得珍惜生活的甘甜和幸福。橘子果肉长成一瓣一瓣的，另外一个用意，也是在告诉你，你手中的东西，不能独自占有，不能独自分享，而要懂得与人分享。如果你手中有一个橘子，就要懂得把橘子分成很多份一小瓣一小瓣，然后分给别人与你一起共享。"

这是很美也很淳朴的一段母子对话。母亲是想让孩子明白这样一个道理：获取要付出劳动，东西要与他人分享。母亲饱含人生哲理的话，为我们阐明了付出劳动的快乐，道出了给予他人就能拥有欢笑的心语。

母亲教育孩子如此，对于每一个正在努力进取中的人来说，道理也是一样的。

付出是生活和工作的需要，虽然有时会觉得有一些累，但如果换种方法去思考，我们的付出就会成为一种美好的享受。付出有时候不

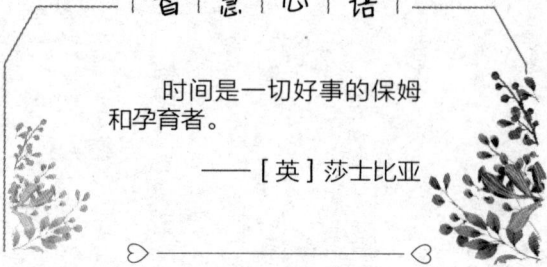

|智|慧|心|语|

时间是一切好事的保姆和孕育者。

——［英］莎士比亚

一定都会有回报，但所有的付出一定是值得的。俗话说得好："我们失去了什么，也会从另一个方面得到什么，我们在这里付出了努力，也许会从那里得到回报。"

当你熬了几个不眠夜赶出一份企划书交给董事长，并通过董事会时，你一定会欣喜，因为这是对你智慧和才华的认可，尽管没有什么特别嘉奖，你已经足够高兴了；当你为准备一桌饭菜而累得腰酸背痛时，一句"这菜真好吃！"就会感动得你忘了辛苦的劳累；一位母亲，当她用百般的爱心呵护幼小的孩子学走路，学说话，听到第一声稚嫩的"妈妈！"时，幸福的感觉会让她忘记曾经分娩的剧痛。

一个人付出的行为，其意义很宽广也很深厚。可以说，付出于人于己都是一种快乐，同时，学会付出也是一个人的一种能力。为什么这么说呢？一位哲人曾说过这样一句关于付出的话："最后，你会发现你帮助的并不是他人，而是你自己。"付出是一种获得人脉的能力，也是一种创造生活的能力。

一个人懂得付出，会给自身带来莫大的益处。

1.会拥有感恩心态

向他人无条件地付出，这将会使内心充满感恩。感恩可以促使一切美好事物循环发展，你会发现这种循环的力量是非常强大的。

2.能清除内心匮乏与自私

当你无条件付出的时候，美好与自私的内在形成鲜明的对比，让你更

加清醒自己的自私面和匮乏面。意识到自己的这些内在限制之后，就可以将它们放下。

3.能形成能量的流动循环

当一个人只想着要如何得到时，那么能量就会在生命中形成阻滞。当一个人可以全然地付出时，这就意味着自身的能量开始流动循环。

4.可以创造自己想要的一切

当无条件付出时，给自己带来的暗示就是一切都是丰足的。我们有足够的空间和机会，去创造自己想要的一切。相反，吝啬的心态在人的潜意识中所反映的就是："我拥有的是匮乏，我无法创造更多自己想要获得的一切"。

综上所述，我们应时刻记住这样的道理：付出总会有回报，付出使我们感到很快乐，付出也是一种大智慧。

一个懂得为别人付出的人，一定会为自己和别人都带去一份欢乐，这种快乐，只有甘心为别人付出的人才能体会到。这种不求回报的付出，更会为一个人带去意想不到的精神和物质财富。付出是一种能力，付出也是快乐的。

"一分耕耘，就会有一分收获。"普通而又平凡的一句话，却是无数智者，在走过无数坎坷和道路后，所悟出的一句饱含着智慧结晶的创造幸福和财富的道理。上天对每个人都是公平的，而人与人之间的区别就在于我们真正为自己和他人"耕耘"了多少。

在美国某个都市，一位女士搭了一辆出租车要到某个目的地。

这位乘客上了车，她发现这辆车不但外观光鲜亮丽，这位司机先生的服装也很整齐，车内的布置也十分典雅，这位乘客相信这一定是一段很舒畅的行程。

车子一启动，司机很热心地问她车内的温度是否合适？又问她要不要听音乐或是收音机？这位司机告知她还可以自行选择喜欢的音乐频道，就在车内，这位乘客选择了爵士音乐，浪漫的爵士风使她在工作中的疲劳也顿时减少了许多。

司机在一个红绿灯前停了下来，回过头来告知这位职场女士，车上有早报及当期的杂志，前面是一个小冰箱，冰箱中的果汁及可乐如果有需要，也可以自行取用，如果想喝热咖啡，保温瓶内还有热的咖啡。

这些特别的服务，让这位女士大吃一惊，她不禁望了一下这位司机，司机先生愉悦的表情就像车窗外和煦的阳光。

目的地到了，司机下了车，绕到后面帮乘客开车门，并递上名片，说声：盼望下次有机会再为你服务。

不必说，出租车司机的生意是不错的。他很少会空车在都市里兜转，他载过的乘客总是会事先预订好他的车，乘客从早到晚络绎不绝，这使其他同行都投来了羡慕的目光。一位平凡的出租车司机，能把一份再平凡、再普通不过的工作做到这一步，实在是不简单。一分耕耘，一分收获。这种好效益，是他付出努力后得到的。

在我们的心里，每个人都有着一架天平。只有付出了心血和汗水，才能得到想要的东西。也就是说，有了付出，才会有成果。著名作家冰心在她的一篇散文《腊八粥》中，曾描述了这样一个故事：

一对夫妻勤勤恳恳，成天到晚地工作着，过了几年这两口子便富了，但是他们对其子从小却溺爱有加——衣来伸手，饭来张口。老两口对儿子的关心，使他们的儿子养成了一种懒惰贪吃的坏习惯。不料，老两口为儿子娶的媳妇也是一个好吃懒做的人。

后来，老两口去世了，一对年轻人没有了父母的管束，便整天吃喝玩乐。饿了吃父母留下的粮食，冷了穿父母留下的衣服，过着神仙一样的生活。

这样的日子过了许久。有一年腊八，他俩只剩下了一碗米粥。最后，他们被饿死、冻死了。《腊八粥》中为我们描述的懒夫妇的下场，是一个不劳而获者的下场。他们那把心中的天平已经失去了平衡，最后东倒西歪。不耕耘，便想得到收获的成果，这在现实生活中是永远都不可能实现的事情。

老夫妻与年轻夫妻的故事形成了鲜明的对比，给我们的启迪是深刻的。

一分耕耘，就会有一分收获。在春天种下一粒种子，到了秋天，就可以收获到果实。不要小看这简简单单的道理，每个人在某些经历中克服困难，刻苦努力，为的就是这来之不易的收获。

在人的一生中，我们好比农夫，播种好比过程，收获就像"果实"。当回首那些"耕耘播种"的经历，人生最大的幸福其实就是我们在一次次收获的快乐中不断地超越自己。

♡—| 学 姐 寄 语 |—♡

一个人只想坐享其成，结局将是悲惨的。如果你想得到什么，就应该去努力，去付出，用心耕耘，你才会得到自己想要的东西。

想要得到，就要先努力付出

俗话说："世上没有白吃的午餐。""天上不会掉馅饼。"这世上没有不劳而获的好事。一个人想要收获，就必须先要去付出，这是一个永远都不会变的硬道理。

生活中，农人在收获谷物前，他们已付出了耕耘、锄草、施肥和灌溉；一棵树在结出果实前，它已付出了绿叶和花朵；蛹在成为美丽的蝴蝶前，它已付出了孕育和蜕变；河流在流到大海前，它已付出了跋涉和汇聚……

来看看下面这个故事。

一个年轻人向父亲征求意见："我想在咱们这条街上赚钱，得先准备什么呢？"父亲想了想说："你如果不想多赚钱，现在就可凭两间门面，摆上货柜、进些货物开张营业；如果你想多赚钱，就先得准备为这条街上的街坊邻居们做些什么。"年轻人问："我先做些什么呢？"父亲想了想，说："要做的事很多，如街上的树叶很少有人扫，你每天清晨可以扫一扫；还有，邮递员每天送信，有许多信件很难找到收信人，你也可以帮忙找一找；另外，不少家庭需要得到一些举手之劳的帮助，你可以随便帮一帮……"

年轻人不解地问："这些跟我开店有什么关系呢？"父亲笑了："你想把生意做好，这一切会对你有帮助。"尽管年轻人半信半疑，但他还是像父亲说的那样去一一做了。不久，这条街上的人都知道了这个年轻人。

半年后，年轻人的商店挂牌营业了，令他惊奇的是，来的顾客非常多，差不多一条街的街坊邻居全都成了他的客户，甚至街坊那边的一些老人，拄着拐杖特意到他的商店买东西："我们知道你是个好人，来你这里买东西，我们放心。"后来，年轻人从一个不名一文的人，成了著名连锁店的老板。这是他的努力付出换来的成功。

付出必定有收获，而收获的多少也在于自己。不要去找客观原因，不要去推卸责任，要勇敢地面对现实。要记住：只有付出，才会有收获。想要有所收获，先要学会付出。当我们在为目标努力的过程中，能将付出作为一种常态，得到也会在不经意间来到我们的身边。懂得这一原则后，我们就会在生活和工作中左右逢源，幸福和成功的指数也会不断攀升。

世上没有不劳而获的成就和幸福。在生活中，我们没有必要对自己的现状怨天尤人，要记住一句话：想要收获，先学会付出。这是一个亘古不变的道理，适用于任何人、任何事。

在努力奋斗的过程中，我们要学会与人分享。例如，在职场里与同事共患难，以团队的集体力量来攻克工作难关固然非常重要，但如果我们还能够做到与同事分享各自的成果就显得难能可贵了。因为，这种分享能够让彼此间相互借鉴经验，相互补充各自的不足以获取更大的成绩。

可是，有许多人不懂此道理。别的同事成功地完成了某项任务，他不是替对方高兴，反而因自己没有完成或完成得不够漂亮而心生嫉妒和反感。这样的结果轻则使得自己的工作效率更低，心情更糟糕；重则影响到整个团队的工作质量。个人各顾各的，大家不能拧成一股绳去工作，就不容易产生效益，对于整个团队的发展都是不利的。

学会分享成果，一是在他人获得成果时，要学会学习他人的优点和克服自己的缺点，让自己跟着他人一起进步；二是在自己取得成果时，不忘与身边的人共享，并帮助比自己能力弱的人上进。两者都是互助的过程，更是聪明之举。只有善于分享成果，大家才能同时进步，大家都进步了，整个团队才能进步，整个公司才有发展。

从前，有两个饥饿的人得到了一位长者的恩赐：一根鱼竿和一篓鲜活硕大的鱼，要他们俩各选一样东西。于是他们中一个人要了一篓鱼，另一个人则要了一根鱼竿，得到东西后他们就分道扬镳了。得到鱼的人就在原地用干柴搭起了篝火，迫不及待地煮起了鱼，他狼吞虎咽，不一会儿，连鱼带汤就被他吃了个精光。没过多久，他便饿死在空空的鱼篓旁。另一个人则提着鱼竿忍饥挨饿，继续一步步艰难地向海边走去，可正当他可以看到不远处那片蔚蓝色的海洋时，他身上的最后一丝力气也使完了，他只能眼巴巴地看着不远处的大海，带着无尽的遗憾撒手人间。

同样有两个饥饿的人，他们同样得到了长者恩赐的一根鱼竿和一篓鱼。只是与前面两个人的情况不同的是，他们并没有马上各奔东西，而是走到一起，试图商量出一个最好的办法，争取尽快找到大海。于是，他俩开始上路了。他们饿了的时候每次只煮一条鱼，经过漫长的跋涉，他们终于来到了海边。从此，两个人开始捕鱼为生。几年后，他们盖起了房子，有了各自的美满家庭和可爱的子女，还拥有了自己造的渔船，过上了幸福安康的生活。

上述故事中，有两组小团队，他们都是十分饥饿的人，而且他们都得到了长者给予的同样的恩赐，却出现了截然不同的两种结果。第一组两个人得到鱼和鱼竿后各顾各的，根本没有试图去分享对方的所得，结果两个人最后都饿死了；而第二组的两个人得到同样的鱼和鱼竿后，却能够凑在一起，分享各自的成果，并且一起想办法用这些成果去创造更大的成果。结果，他们成功了，过上了幸福的生活。从上述故事中，我们能够看出懂得分享的重要性。

在为追求目标而努力的过程中，如果没有相互的给予、付出和努力，我们就很难取得更大的成绩。当一个人只顾眼前的利益，并且自私地不与他人分享自己的果实时，那么他所得到的只能是短暂的小欢乐；当一个人目标高远，勇于面对现实生活，善于与他人合作和分享时，那么他就会收获到更多的成就。

时间是筛子，最终会淘汰一切历史的沉渣。

——德国谚语

在通过努力取得成绩时，有的人不愿意与身边的人共同分享，这实际上是一种不利己的做法，在别人眼中也是一种自私的体现。我们要学会拿出自己的成绩和果实与别人分享，这样做不仅为自己带来了快乐，更会得到别人的理解和帮助，进而会收获到更多、更大的果实和成绩。

在日常工作中，我们在内心深处都是要求上进的，所以，我们总是会表现出积极努力的一面。有机会的时候，总会去努力争取，凡事也都想比其他同事做得更好，以此来显示自己的优异和才华，博得更多晋升加薪的机会。但事情往往并不是那么顺利，不但得不到展现自己能力的机会，还要做他人的垫脚石。这时候，许多人就会不平衡了："凭什么机会没给我而给了他？又凭什么要我去配合别人工作，成了别人往上爬的梯子？"

许多人会觉得给他人做垫脚石是受了委屈，其实从根本上来说，这是一种互利的行为，在我们帮助他人做出成绩时，我们自己也会在无形中得到锻炼和提高，最终也会帮助我们自己走向成功。成就他人就是成就自己。

在无比神奇的自然界里，就有一种被称为是最乐于助人的寄生虫：这种寄生虫叫"缩头鱼虱"，它属于甲壳类动物，是鼠妇的近亲，它的爪子可以把自己牢牢地固定在丝笛鲷的口腔内。一旦在那里安营扎寨，它就会悄无声息地吞食宿主的舌头。没有了舌头的丝笛鲷无法进食，按理说只有死路一条了。然而，这同样会威胁到缩头鱼虱的生命，因为这样一来它就什么也吃不到了。怎么办呢？这个缩头鱼虱可谓是绝顶聪明，居然想出了一个绝妙的解决办法：自己乖乖地匍匐在丝笛鲷的口中，充当起了宿主的"舌头"。这样一来，丝笛鲷就可以继续生存下去了，而缩头鱼虱也可以在宿主进食的时候分得一杯羹，快快乐乐地生活下去。

缩头鱼虱可说是实实存在的别的动物的"垫脚石"，作为寄生性动物，它们对自己这种生存状态乐此不疲。因为，它们在充当丝笛鲷的"舌头"的时候，它们自己也得到了维持生命的营养，这种一种互惠的行为。

中国有句古语云："失之东隅，收之桑榆。"谁都很难预料自己的付出最后会有什么样的结果，也许我们一时失去了一个往上升的机会，但也不可否认我们会得到其他机会的眷顾。或者，就算没有更好的机会做补偿，我们也可以在现有的工作机会中努力实现自己的价值，终有一天，我们的价值会得到更大的回报。

多给予，甘愿为他人做嫁衣是值得的。因为，在任何时候，人与人之间都是一种互惠的关系，付出才会有回报，有舍才会有得。把目光放长远一些，不要计较眼前的得失，在还不如别人时，甘愿当个垫脚石，在不久的一天，努力和付出，一定会获得丰硕的收获。

♡─┤ 学 姐 寄 语 ├─♡

生活中，从来没有一个人可以单独成就大事。在艰辛创业、发展自己的过程中，很多时候我们都是不如别人的，这时要学会甘愿多付出，甘愿给别人做垫脚石。这样就能学习到更多本领，为自己赢来更好的发展。

努力付出，其实很容易

付出，其实很容易。对于我们身边所有的人来说，一个善念、一句好话、一个善意的回应，甚至是一个微笑，都能够给他人的内心带去一缕阳光，一份感动。每一个小小的付出，从小的方面来说可以拉近我们的亲情、友情，从大的方面讲还可以提高企业和公司的业绩，促进社会的和谐与繁荣，甚至可以消除种种人为的灾难。

付出就是要将心比心，多替他人着想，付出就是要从最小的善事做起。在忙忙碌碌的城市生活中，由于紧张的生活节奏，常常是住在同一个楼道里的邻居们却不知对方姓甚名谁，彼此也显得极为冷漠。但是，下面这个人的讲述却让我们发现了不一样的情景：

"我住在一个小区的三号楼里，我们这一层的邻居都非常友好，有时候，大家经常会聚到一起吃饭，饭桌上浓浓的气氛让每一个人都感到了邻里之间的深厚情谊。大家在席间频频举杯，或说上几句祝词，或唱上一首歌曲，表达着各自不同的情意。我儿子是个特难侍候的小淘气，从二楼到五楼，没有哪家的门他没进去过。我出差不在家的时候，三楼、五楼的邻居们就会把我儿子带回他们家吃饭。四楼的刘姐在一座家具城工作，听说我要买沙发垫，由于周六休息，她不在岗，但她依然嘱咐营业厅的售货员，给了我很大的优惠。想想我自己，其实并没有给邻居们付出过什么，却能够得到他们那么多的帮助，心中常常怀着深深的感激。所以，只要我打扫房间的时候，我就会顺便把自家和邻居家的楼道打扫得干干净净，而我的这些微乎其微的小举动，邻居们却看在眼里，记在心里，常常在大家面前夸我。"

| 智 | 慧 | 心 | 语 |

"时间是君子。时间永远说老实话。"时间会告诉我：谁对我坏，谁对我好。

—— [法] 博马舍

俗话说："远亲不如近邻。"在这个叙述者的描述中，我们可以感受到，生活中的点滴付出都能够换来人与人之间的相互体贴和关爱。所以，不要忽略了这些生活的简单付出，许多时候，正是这些小小的付出，让我们感受到更多的世间真情。

♡ —— | 学 姐 寄 语 | —— ♡

付出其实是一件很容易的事情，每天为自己多做一点点，为别人多做一点点，这就是付出。只要去做了，就会有收获。

马云：倒立着行走

马云有一个绝活：单手倒立。他能够一只手撑地，倒立数分钟，而且面不改色。

在阿里巴巴，有一个不成文但被严格执行的规定：无论胖瘦、高矮，新进员工都必须在 3 个月内学会靠墙倒立，而且必须坚持 30 秒以上，否则，只能卷铺盖走人。这个"规定"的制定者，正是阿里巴巴的领袖马云。

马云对倒立情有独钟，关于此还有一段故事。

2003 年，马云儿时的偶像——小鹿纯子（电视剧《排球女将》的主角，荒木由美子饰演）应邀来阿里巴巴做客。在《排球女将》最流行的那几年，大江南北都可以见到孩子们挂在树上，练习"流星赶月"和"晴空霹雳"；或者在墙脚排成一排，练倒立。身材矮小的马云，没有练成"流星赶月"，也不会"晴空霹雳"，但是倒立却练得炉火纯青，甚至学会了单手倒立的绝活。偶像要来自己的公司了，以什么样的方式迎接她呢？马云苦思冥想，最终想到了倒立。

于是，为了迎接马云的偶像，阿里巴巴的员工们开始练习倒立，而且练出了花样——十几个人叠着倒立。如今，在淘宝刚刚搬迁的钱江南岸新大楼的墙上，人们还能看到当时十几个人叠着倒立的照片，场面蔚为壮观。如此别出心裁的欢迎仪式，令当年的排球女将非常感动，也非常惊讶，因为当年连她们这些排球女将也未能做到十几个人叠在一起倒立。

自此，倒立成为阿里巴巴文化的一个重要元素。

"为什么要倒立？就是因为太多人跟我说'不可能'。"马云说，"淘宝的每个店小二（淘宝的员工都是店小二）都会倒立，我能单手倒立，我们还能倒立地叠罗汉。"

"不要跟我说不可能！"这才是马云倒立文化的精髓。很多新进员工，对练倒立心生疑惑、畏惧，马云鼓励他们说："凌空倒立做不到，靠墙倒立总能做到；自己倒立做不到，边上两个人扶着你，总可以做到。"

　　倒立着的马云和倒立着的阿里巴巴人，用一个完全不同的视野，走向成功。

　　马云有很多奇特的倒立观——

　　懒是成功的动力。世界上最富有的人比尔·盖茨是个程序员，懒得读书，他就退学了。他又懒得记那些复杂的DOS命令，于是，就编了个图形的界面程序。于是，全世界的电脑都长着相同的脸，而他也成了世界首富。懒得爬楼的人，发明了电梯；懒得走路的人，制造出汽车、火车和飞机；懒得每次去计算的人，发明了数学公式……马云因此得出结论："这个世界实际上是靠懒人来支撑的。但是，懒不是傻懒，如果你想少干，就要想出懒的方法。要懒出风格，懒出境界。"

　　傻是成功的秘诀。在马云看来，阿里巴巴的成功秘籍就在于不懂技术。在网络技术日新月异的今天，一个几乎不懂电脑和网络技术的傻汉，怎么可能在网络世界游刃有余？马云说："正因为不懂技术，我们才与客户更接近，我可以用的，80%的客户也可以用。"

　　他还有很多与众不同的颠覆性理念：很多人失败的原因不是钱太少，而是钱太多。如果说不想当将军的士兵不是好士兵，那么一个当不好士兵的将军也一定不是好将军。

　　短短10年，阿里巴巴就成为全球著名的网络商。优秀者之所以优秀，是因为他们走在了前面。而他们之所以走在前面，未必是他们走得比你快，也未必是他们走得比你早，很有可能只是因为他们是倒立着行走的，像马云一样。

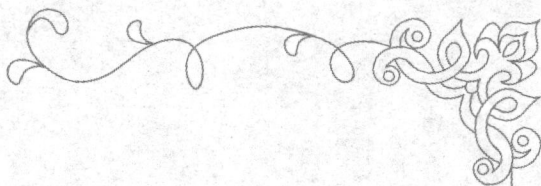

PART 06
寻找改变你的核心力量

每一次成功的表现，都是背后无数次付出才能达到，每一次热烈的掌声，都是最用心准备的结果。不要奢望一步登天，而应自我期许，扎扎实实地走稳每一步。

人的生命似洪水奔流，不遇着岛屿和暗礁，难以激起美丽的浪花。

——［苏联］奥斯特洛夫斯基

如果有个柠檬，就做柠檬水

有一次，芝加哥大学校长罗勃·梅南·罗吉斯在谈到如何获得快乐时说："我一直试着遵照一个小的忠告去做，这是已故的西尔斯公司董事长裘利亚斯·罗山渥告诉我的，他说：'如果有个柠檬，就做柠檬水'。"

这是聪明人的做法，而傻子的做法正好相反。傻子会发现生命给他的只是一个柠檬，他就会自暴自弃地说："我垮了。这就是命运。我连一点机会也没有。"然后他就开始诅咒这个世界，让自己沉溺在自怜自悯之中。可是当聪明人拿到一个柠檬的时候，他就会说："从这件不幸的事情中，我可以学到什么呢？我怎样才能改善我的情况，怎样才能把这个柠檬做成一杯柠檬水呢？"

当一位快乐的农夫买下一片农场时，却觉得非常沮丧。因为那块地既不能种水果，也不能养猪，能生存的只有白杨树及响尾蛇。但他想到了一个好主意，他要利用那些响尾蛇。他的做法使每一个人都很吃惊，他开始做响尾蛇肉罐头。不久，他的生意就做得非常好了。这个村子现在已改名为响尾蛇村，是为了纪念这位把柠檬做成了甜美柠檬水的先生。

那些成就者之中有非常多的人之所以成功，是因为他们开始的时候有一些阻碍他们前进的缺陷促使他们加倍地努力，从而得到更多的报偿。正如一些残疾人所说的："我们的缺陷对我们有意外的帮助。"

如果我们能够做到，我们应该把只有一条腿的威廉·波里索的这句话刻在铜牌上："生命中最重要的一件事，就是不要把你的收入拿来作资本。任何傻子都会这样做，但真正重要的事是要从你的损失里获利。这就需要有才智才行，而这一点也正是一个聪明人和一个傻子之间的根本区别。"

◇——| 学姐寄语 |——◇

只要一个人还在朴实而饶有兴趣地生活着，他终究会发现，造物主对世事的安排，都是水到渠成的。并不是因为事情难我们不敢做，而是因为我们不敢做事情才难的。

每个人都有特长

尼文的爸爸是个花匠，妈妈是家庭主妇。夫妇俩节衣缩食，为儿子上大学攒钱。

尼文读高中二年级的时候，有一天，学校聘请的一位心理学家把这个16岁的少年叫到办公室，对他说："尼文，我看过你各科的成绩和各项体格检查，对于你各方面的情况我都仔细研究过了。"

尼文插嘴道："先生，我一直很用功的。"

"问题就在这里，"心理学家说，"虽然你一直很用功，但进步却不大。高中的课程对于你来说有点力不从心，再这样学下去，恐怕就是浪费时间了。"

尼文用双手捂住了脸说："不，如果那样的话，我的爸爸妈妈都会很难过的。他们一直都希望我上大学。"

心理学家用手抚摸着孩子的肩膀说："尼文，每个人都有自己的才能，就如同工程师不识简谱，画家背不全九九表一样，都是可能的。每个人都有特长，你也不例外。终会有一天，你会发现自己的特长。那个时候，你的爸爸妈妈就会为你而骄傲了。"

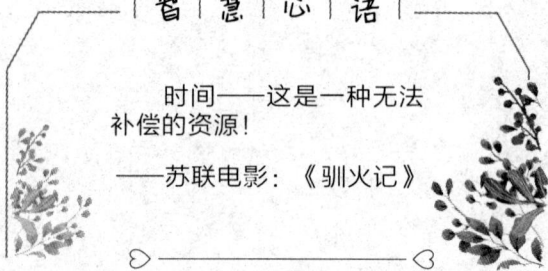

从此，尼文再没去上学。那时很难在城里找活做。尼文给别人整建园圃，修剪花草。因为他的勤勉，不久后，顾主们便注意到这个小伙子的手艺，他们称他为"绿拇指"，因为凡是经过他修剪的花草都出奇的繁茂美丽。他还经常给别人出主意，帮人们把门前有限的空隙因地制宜精心装点；他对颜色的搭配更是讲究，经过他布设的花圃无不令人赏心悦目。

一天，他凑巧进城，又凑巧来到市政厅后面，更凑巧的是离他不远处站着一位市政参议员。也许这就是机遇，尼文注意到有一块满是垃圾、污泥浊水的场地，于是他来到参议员面前鲁莽地问道："先生，您能否答应我把这个垃圾场改为花园？"

参议员说，"市政厅缺这笔钱。"

"我不要钱，"尼文说，"只是允许我办就行。"

参议员大为惊异，他从政以来，还没有遇见过哪个人办事不要钱呢！他把这个男孩带进了办公室。

尼文步出市政厅大门的时候，满面春风：因为他有权清理这块被长期搁置的垃圾场地了。当天下午，他就拿了工具，带上种子、肥料来到那块垃圾场。一位热心的朋友给他送来一些树苗；一些熟悉的顾主请他到自己的花圃剪玫瑰插枝；有的则提供篱笆用料……这个消息传到本城的一家最大的家具厂，厂主立刻表示要免费承做公园里的条椅。

不久后，这块泥泞的垃圾场变成了一个美丽的公园，绿茸茸的草坪，曲幽幽的小径，人们在条椅上坐下来听鸟儿在唱歌，因为尼文为这些鸟儿也安了家。

事后，全城的人都在谈论，这个年轻人为全城的人办了一件了不起的事。这不仅是一个公园，还是一个生动的展览橱窗，人们从这里看到了尼文的才干，一致公认他是一个天生的风景园艺家。

过了 25 年，尼文已经成为国家知名的风景园艺家。不错，至今他也没学会说法国话，更不懂拉丁文，微积分对他而言更是个未知数。而色彩和园艺却是他的特长。

这些成就了他，也使渐已年迈的双亲感到骄傲，这不仅仅因为他在事业上取得的成就，还因为他能把人们的住处弄得无比舒适、漂亮——他工作到哪里，就把美带到哪里！

有些人总是过分重视智力测验，过于相信所谓"智商"。人的美好特质是多种多样的，怎能以一份智力试验定夺？尽管你在一次又一次的智力竞赛中名落孙山，但在某一方面，你也许可以发挥你独有的、奇迹般的创造，使生活充满无尽的乐趣。

日本东京三叶咖啡屋有段时间生意清淡，顾客反映这个店的咖啡太淡了。老板觉得很委屈，事实上同样价格的咖啡，该店下料并不比其他咖啡店少。

通过观察，老板发现，原来这与咖啡店所用的杯子有关。他们一直用一种黄色的杯子，由于色彩搭配的原因，用这种杯子装的咖啡总显得浓度不够。后来，他们改用红色的杯子，咖啡的浓度还是和原来一样，但顾客却增加了好几倍。

18 世纪末，英国著名医生琴纳忙于解决天花这个难题。他研究了许多病例，仍然没有找到可行的治疗办法。后来，他把思路放到了那些未染上此病的人身上，最后，他从挤奶女工手上提取微量牛痘疫苗，接种到一位 8 岁男孩的胳膊上。一个月后的试验结果证明：琴纳找到了抵御天花的武器。

换个方向突围不是一种怯懦，它着眼的始终是生命的终极目标；换个方向突围也不是一种花俏，它立足的永远是一个人踏踏实实的行为。

　　对待生命里的挫折，我们可以选择两种不同的策略：一是沿着既定的路走下去，不屈不挠；一是当道路遇到堵塞时，像上述故事中的两个人一样，懂得从另一个方向实现生命的突围。对前者，我们曾经奉献过许多的掌声；对后者，我们常常冷嘲热讽，说这样的人"投机取巧"。然而，生活嘲笑了我们的无知，它一次次给予后者娇艳的花朵。

♡—| 学 姐 寄 语 |—♡

　　换个方向突围不是一种怯懦，它着眼的始终是生命的终极目标；换个方向突围也不是一种花俏，它立足的永远是一个人踏踏实实的行为。

理想和现实结合

梦想就像是大地上生长的野草，不管生存环境多么恶劣，只要有生命存在的土壤，总会有一抹属于它的绿色。人的生命就应该像野草一样，坚韧而充满生机。

中国有句古诗："野火烧不尽，春风吹又生"，野草看似被烧完了，但其实只要一场春雨，大地又会生机盎然。野火也许就是我们生命中遇到的苦难，当苦难过去以后，有些人的生命之火，就熄灭了；但是另一些人却因此而更加奋发。

野草有着顽强的生命力，有着一种与命运抗争的坚韧不拔的品质；无论在荒野，在沙漠，在平原，在山地……到处能见到不知名的小草。只要理想还在，我们的生命也一定会生根发芽，充满希望。

那现实到底是什么呢？

现实就是我们每天日常所遇到的琐碎的事，我们所遇到的烦恼，我们所经历的各种退让、屈服、妥协甚至侮辱；现实是一片踏踏实实的土地，就像野草一样，会遇到肮脏的沟渠，寒冷的山顶，甚至荒凉的大漠。但是，如果你的生命中没有任何的苦难；没有任何的考验，你的生命还会充满生机吗？

| 智 | 慧 | 心 | 语 |

时间是人所能耗费的最有价值的东西。

——［古希腊］泰奥弗拉斯托斯

不要小看生命中的琐碎，对于很多人来说，一辈子的琐碎和苟且，会是一种阻碍；但对于有梦想的人来说，这些恰恰能成就你生命中最伟大的未来。

一位心理学家想知道人的心态对行为到底会产生什么样的影响，于是他做了一个试验。

首先，他让 10 个人穿过一间黑暗的房子，在他的引导下，这 10 个人皆成功地穿了过去。

然后，心理学家打开房内的一盏灯。在昏暗的灯光下，这些人看清了房子内的一切，都惊出一身冷汗。

这间房子的地面是一个大水池，水池里有十几条大鳄鱼，水池上方搭着一座窄窄的小木桥，刚才，他们就是从这座小木桥上走过去的。

心理学家问："现在，你们当中还有谁愿意再次穿过这间房子呢？"没有人回答。过了很久，有 3 个胆大的人站了出来。

其中一个小心翼翼地走了过去，速度比第一次慢了许多；另一个颤颤巍巍地踏上小木桥，走到一半时，竟只能趴在小桥上爬了过去；第三个刚走几步就一下子趴下了，再也不敢向前移动半步。

心理学家又打开房内的另外 9 盏灯，灯光把房里照得如同白昼。这时，人们看见小木桥下方装有一张安全网，只由于网线颜色极浅，他们刚才根本没有看见。

"现在，谁愿意通过这座小木桥呢？"心理学家问道。这次又有 5 个人站了出来。

"你们为什么不愿意呢？"心理学家问剩下的两个人。

"这张安全网牢固吗？"两个人异口同声地反问。

很多时候，成功就像通过这座小木桥一样，失败恐怕不是力量薄弱、智力低下，而是周围环境的威慑：面对险境，很多人早就失去了平静的心态，慌了手脚，乱了方寸。

1952 年 7 月 4 日清晨，加利福尼亚海岸笼罩在浓雾中。在海岸以西 21 英里的卡塔林纳岛上，一个 34 岁的女人涉水进入太平洋中，开始向加州海岸游去。要是成功了，她就是第一个游过这个海峡的妇女。这名妇女叫费罗伦丝·科德威克。在此之前，她是游过英吉利海峡的第一个妇女。

那天早晨，海水冻得她身体发麻，雾很大，她连护送她的船都几乎看不到。时间一个钟头一个钟头过去，千千万万人在电视上注视着她。有几次，鲨鱼靠近了她，被人开枪吓跑了。她仍然在游。在以往这类渡海游泳中她的最大问题不是疲劳，而是刺骨的水温。

15 个钟头之后，她被冰冷的海水冻得浑身发麻。她知道自己不能再游了，就叫人拉她上船。她的母亲和教练在另一条船上。他们告诉她海岸很近了，叫她不要放弃。但她朝加州海岸望去，除了浓雾什么也看不到。几十分钟之后——从她出发算起 15 个钟头零 55 分钟之后——人们把她拉上了船。

又过了几个钟头，她渐渐觉得暖和多了，这时却开始感到失败的打击。她不假思索地对记者说："说实在的，我不是为自己找借口。如果当时我看见陆地，也许我能坚持下来。"人们拉她上船的地点，离加州海岸只有半英里！

真正令她半途而废的不是疲劳，也不是寒冷，而是因为在浓雾中看不到目标。科德威克小姐一生中就只有这一次没有坚持到底。两个月之后，她成功地游过了同一个海峡。她不但是第一位游过卡塔林纳海峡的女性，而且比男子的纪录还快了大约两个钟头。

科德威克虽然是个游泳好手，但也需要看见目标，才能鼓足干劲完成她有能力完成的任务。因此，当我们规划自己的成功时，千万别低估了制定可测目标的重要性。有无目标是成功者与平庸者的分水岭。用简单的数学知识来说，两点之间，直线最短。

杰斯 19 岁的时候在休斯敦太空总署的太空梭实验室工作，而且当时他还在总署旁边的休斯敦大学主修计算机专业。每天，学习、睡眠和工作几乎占据了他全部时间。但他每当有一分钟的空闲，也会把精力放在音乐创作上。

杰斯虽然在音乐创作上很有天分，但写歌词却并不擅长，于是，他在那段时间里到处寻找一位可以写歌词的搭档，同他一起创作。不久后，他认识了一位叫伊凡的朋友。那已经是 20 年前的事情，杰斯已经离开得州20 年了，那之后就再也没听到过伊凡的消息，但却永远记得伊凡在自己事业刚刚起步时，所给予的鼓励。

那时候的伊凡也只有 19 岁，但在得州的诗词比赛中却已经不知获得过多少奖牌。她的作品总是让杰斯爱不释手，他们一起合作了许多不错的音乐作品，充满创意和新意，直到今天，杰斯仍然这样认为。

伊凡家的祖辈是得州有名的石油大亨，拥有规模庞大的牧场。虽然她家极其富有，但她却是一个简朴谦卑的女孩子，让杰斯从心底里佩服。一个周末，伊凡热情地邀请杰斯到她家的牧场吃烤肉。伊凡明白杰斯对音乐的执著，然而，面对那遥不可及的音乐圈子及陌生的美国唱片市场，他们却没有一点儿渠道。在那种情况下，两个喜爱音乐的人不知道下一步该如何走。两个人默默地坐在牧场上。

突然，伊凡问杰斯："想象一下，你 5 年后在做什么？"

杰斯愣了一下，一时不知道该怎么回答。伊凡转过身来，又问道："嘿！告诉我，在你心目中，最希望 5 年以后做什么，希望那时候的自己的生活会是什么样子？"

杰斯还没来得及回答，她又抢着说："先不要急着回答，你先仔细想想，等你完全想清楚之后再说出来。"

杰斯沉思了几分钟，然后对她说："5 年后，我第一个希望就是，能有一张自己的唱片在市场上，而且这张唱片很受欢迎，得到许多人的肯定。第二个希望就是住在一个音乐气氛浓厚的地方，每天都可以和世界上一流的乐师一起工作。"

伊凡看着杰斯，"你确定了吗？"

杰斯从容而肯定地回答："是的。"

伊凡接着说："那好，既然你确定了，那就把这个目标倒过来算。如果第 5 年，你有一张唱片在市场上，那么在第 4 年的时候你就一定是要跟一家唱片公司签约。

而在第三年的时候就一定要有一部完整的作品，拿给唱片公司听；当然，在第二年的时候就一定要有很棒的作品已经开始录音了；而在第一年的时候就要把准备录音的所有作品全部编曲，把排练也要准备好；再继续，那就是在第 6 个月的时候要把那些没有完成的作品修饰好，然后可以逐一筛选；在第一个月的时候你就要把目前的想到的这几首曲子完成；最重要的就是在第一个星期要先列出一个完整的清单，排出哪些曲子需要修改，哪些需要完成。好了，现在我们该做的就是为下个星期一要做的事情做准备了。"伊凡笑着说。

伊凡忽然又想到什么，马上补充道："喔，对了。你还有个希望就是在 5 年后要生活在一个音乐气氛浓厚的地方，然后与许多一流乐师一起工作，对吗？如果你在第 5 年已经与这些人一起工作了，那么你在第 4 年的时候就应该有一个自己的工作室或者录音室。而在第三年的时候，你就要先跟这个圈子里的人一起工作。在第二年，你不应该住在得州，而是应该搬到纽约或洛杉矶了。"

如同伊凡说的，第二年，杰斯辞掉了令许多人都羡慕不已的太空总署的工作，离开了德州，搬到洛杉矶居住。不能说是恰好在第5年，而是大约在第6年的时候，杰斯的唱片开始在亚洲畅销，而且几乎每天都忙碌着和一些顶尖的音乐高手从日出到日落一起工作。

　　生命中，所有的选择权利都在我们的手上。如果你经常询问自己为什么会这样？为什么会那样？那就要先问自己，"我是否曾经很清楚自己要做什么呢？"如果连自己要的是什么都不知道，那还会有谁可以帮你安排呢？你旁边的人，再怎么热心地为你努力，也只是一种安慰，他们不会为你创造将来。

◇—| 学 姐 寄 语 |—◁

　　在苦恼自己不知道该做什么的时候，不妨问问自己到底想要的是什么，当你清楚地知道自己所需要的，就应该知道自己该做什么了。

看准后再做决定

单位调来了一位新领导，大多数的同事都很兴奋，因为据说是个能人，专门被派来整顿业务。日子一天天地过去，新领导却毫无作为，每天彬彬有礼地进办公室，躲在里面难得出门，本来很紧张的坏分子，现在反而更猖獗了。

同事们开始议论："他哪里是个能人嘛！根本是个老好人，比以前的领导更面！"

过了四个月，当所有的人都已经对新领导感到失望的时候，新领导却发威了，不会做事的人一律辞退，能人则获得晋升。下手之快，断事之准，与四个月表现保守的他，简直判若两人。

年终聚餐的时候，新领导在酒过三巡之后致词："相信大家对我新到任期间的表现，和后来的大刀阔斧，前后的差距感到不解，现在我要给大家说个故事，各位就明白了：我有位朋友，买了栋带着大院的房子，他一搬进去，就将那院子全面整顿，杂草树一律清除，改种自己新买的花卉。某日以前的屋主探访，进门大吃一惊地问：'那最名贵的牡丹哪里去了？'我的朋友这才发现，自己竟然把牡丹当草给铲了。"

"后来他又买了一栋房子，虽然院子更杂乱，他却按兵不动，果然冬天以为是杂树的植物，春天里开了繁花；春天以为是野草的，夏天里成了锦簇；半年都没有动静的小树，秋天居然红了叶。直到暮秋，它才真正认清哪些是无用的植物，大力铲除，并使所有珍贵的草木得以保存。"说到这儿，新领导举起杯来："让我敬在座的每一位，因为如果这办公室是个花园，你们就都是其间的珍木，珍木不可能一年到头开花结果，只有经过长期的观察才认得出啊！"

要看清面前的事物，不要轻易下决定，当了解了周围原本陌生的事物后，再下决定才能准确而无误。

很早以前有一个生性愚钝的樵夫，一天他上山砍柴，偶然间发现一个从来没有看过的动物。于是，他问："你到底是谁？"

那动物开口说："我叫'领悟'。"

樵夫心想：我现在不就是缺少"领悟"啊！把它捉回去我就有了！

这时，"领悟"说："你现在是要想捉我吗？"

樵夫当时吓了一跳：难道我心里想的东西它都知道！那么，我就装出一副不在意的模样，趁它不注意时捉住它！

结果，"领悟"又对他说："你现在是不是又想假装成不在意的模样来骗我，等我不注意的时候再将我捉住呢？"

樵夫看见自己的心事都被"领悟"看穿，所以变得很生气：真是可恶！为什么我的心事它总能知道呢？没想到，他的这种想法马上又被"领悟"知道了。

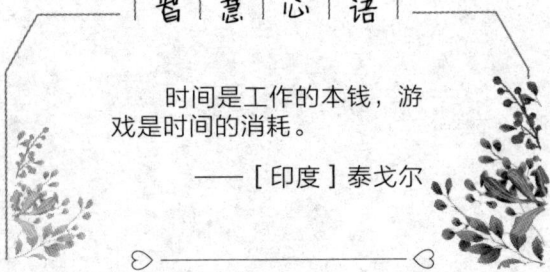

| 智 | 慧 | 心 | 语 |

时间是工作的本钱，游戏是时间的消耗。

——［印度］泰戈尔

"领悟"又开口说："你是因为没有捉住我而生气吗！"

于是，樵夫从内心检讨：我心里想的事情，好像都反映在镜子里一般，完全被"领悟"看穿。我应该忘记所有，专心的砍柴。

想到这里，他就挥起斧头，用心地继续砍柴。

可当他砍柴的过程中一不小心，斧头掉下来，意外地压在"领悟"上面，"领悟"立刻便被樵夫捉住了。

人不要去强求不属于他自己的东西，要学会顺其自然。违背规律去办事，就会步步艰难，而学会顺应规律，就会得心应手，一路坦途。

1968 年 8 月 14 日，美国黑人女性的杰出代表、好莱坞当时最红的女明星之一哈莉·贝瑞出生于俄亥俄州克利夫兰。这位"黑珍珠"集美丽、智慧和坚韧于一身。从 17 岁开始，就接连不断地荣获令人羡慕的殊荣与奖励。

1985 年，她代表俄亥俄州参加全美 20 岁以下小姐竞选，获"全美青少年小姐"称号。

1986 年，她参加美国小姐选美竞选，获"美国小姐"、"俄亥俄小姐"称号。

1986 年，她参加世界小姐服装竞赛，获第一名。

1999 年，她因《红颜血泪》获金球奖、艾美奖的电视影片类最佳女主角奖。

1999 年，她因《红颜血泪》获银屏演员协会最佳女演员奖。

这位好莱坞最有成就的黑人美女，多年来一直保持着参选美国小姐时的美丽容颜。她的身材被称为"最佳曲线形体"，她 7 次入选美国《人物》杂志评选的"50 个最美丽的人"。

2001 年，美国西部时间 3 月 24 日下午 5 点 30 分，第 74 届奥斯卡金像奖颁奖典礼在洛杉矶的"柯达剧院"隆重举行。此刻，在奥斯卡颁奖的历史上翻开了崭新的一页，傲慢的奥斯卡终于被黑人演员的成就所征服，一扇向黑人女演员关闭了 74 年之久的奖励大门终于敞开了。哈莉·贝瑞凭借在电影《怪物午宴》中的精彩表演，获得了奥斯卡"最佳女主角"奖，成为奥斯卡历史上的第一个黑人影后。她手捧奥斯卡小金人，兴奋地高高举起。

但是，即使是命运的宠儿，也不可能永远一帆风顺。2005 年 2 月 26 日晚，命运同哈莉·贝瑞开了一个天大的玩笑，将她从人生的巅峰抛进了人生的谷底。在第 25 届"最差"奖颁奖仪式上，她主演的《猫女》被评为"最差影片"、她也被评为"最差女主角"。她走上了领奖台，用曾经接受过奥斯卡最佳女主角奖杯的那双手，接过了金酸莓"最差女主角"的奖杯，成为第一位亲手接过此奖杯的好莱坞女影星。

金酸莓电影奖设立于 1981 年，跟奥斯卡奖评选"最佳"相反，专门评选"最差"影片、"最差"导演和"最差"演员等奖项，并且举行颁奖仪式，颁发奖杯。对于这个带有恶作剧意味的颁奖，好莱坞的明星大腕们从不正眼相看。也从来没有一个当红的女明星参加过这个颁奖仪式，更没一个当红的女明星有勇气亲手接过授予自己的"最差女主角"奖杯。

哈莉·贝瑞在人生的巅峰时没有忘乎所以，认为自己是绝对的成功；在人生的谷底时也没有一蹶不振，认为自己是绝对的失败。她难能可贵地认为，在人生旅途的地平线上，成功与失败同样都是崭新的开始。

她在发表获奖感言时说："我的上帝！我这辈子从来没有想过我会来到这里，赢得最差奖，这不是我曾经立志要实现的理想。但我仍然要感谢你们，我会将你们给我的批评当作一笔最珍贵的财富。"她最后对大家说："请相信，我不会停下来，我今后会带给大家更精彩的表演。"

听到这些话，人们给了她一阵又一阵热烈的掌声。

颁奖过后，记者围住了哈莉·贝瑞。有人问："您为什么不怕丢丑前来领奖？"

她说："我认为，作为一个演员，不能只听他人的溢美之词，而拒绝接受别人对自己的批评和指责。既然我能参加奥斯卡颁奖典礼并接过小金人，那么我也就应该有勇气去拿金酸莓的奖杯。"

有人问："您将如何保存这个奖杯？"

她举起手中的"最差女主角"奖杯说："我要将它放在我的厨房里，我每天都会面对它。它很有分量，就是全世界的赞扬和恭维像飓风一样袭来的时候，只要看它一眼，我就不会被吹到云彩上面去。在许多人都赞扬和恭维的时候，批评和指责的声音是最珍贵的，因为它使人清醒。让人不会头脑发热到自己找不到自己，我一直将批评和指责当作最珍贵的财富。"

当有人请她留言签名的时候，她写下了小时候妈妈千叮咛万嘱咐的一句话："如果不能做一个好的失败者，也就不能做一个好的成功者。"

◇—| 学 姐 寄 语 |—◇

在许多人都有赞扬和恭维的时候，批评和指责的声音是最珍贵的，因为它使人清醒，让人不会头脑发热到自己找不到自己。

未来不可知

在自然界当中，有一种十分有趣的动物，叫作大黄蜂。曾经有许多生物学家、物理学家、社会行为学家联合起来研究这种生物。

根据生物学的观点，所有会飞的动物，其条件必然是体态轻盈、翅膀十分宽大的；而大黄蜂这种生物，却正好跟这个理论反其道而行。大黄蜂的身躯十分笨重，而翅膀又是出奇的短小。依照生物学的理论来说，大黄蜂是绝对飞不起来的。而物理学家的论调则是，大黄蜂身体与翅膀比例的这种设计，从空气动力学的观点看，同样是绝对没有飞行的可能。简单地说，大黄蜂这种生物，根本是不可能飞得起来的。可是，在大自然中，只要是正常的大黄蜂，却没有一只不是飞行的高手。它飞行的速度，并不比其他能飞的动物慢。

这种现象，仿佛是大自然和科学家们开了一个很大的玩笑。

最后，社会行为学家找到了这个问题的解答。那就是，大黄蜂根本不懂"生物学"与"空气动力学"。每一只大黄蜂在它成熟之后就很清楚地知道，自己一定要飞起来去觅食，否则就必定会活活饿死！这正是大黄蜂

| 智 | 慧 | 心 | 语 |

时间就是生命，时间就
是金钱。

——［美］本·富兰克林

之所以先天条件不满足
但仍能够飞行的奥秘。

社会行为学家给出
的答案并不是那么令人
可信，但我们不妨随着
社会行为学家的思路朝
另外一个角度来设想。

如果大黄蜂能够接受教育，懂得了生物学的基本概念，了解了空气动力学，
而且也很清楚地知道，自己身体与翅膀的设计，完全不适合用来飞行，那么，
这只学会告诉自己"不可能"会飞的大黄蜂，你想，它还能够飞得起来吗？

或许，在过去的岁月当中，有许多人在无意间灌输了你许多"不可能"
的思想，但请你把这些种种的"不可能"完全抛开吧！再一次明确地告诉
自己，生命中，是永远充满希望与值得期待的！因为未来是不可知的。有
些情况下，正是人类的无知才有行动的勇气，才达成了行为的可能。

生命中，是永远充满希望与值得期待的！因为未来是不可知的。

传说公元前233年的冬天，马其顿亚历山大大帝进兵亚细亚。当他到
达亚细亚的弗尼吉亚城时，听说城里有个著名的预言：几百年前，弗尼吉
亚的戈迪亚斯王在其牛车上系了一个复杂的绳结，并宣告谁能解开它，谁
就会成为亚细亚王。自此以后，每年都有很多人来看戈迪亚斯打的结子。
各国的武士和王子都来试解这个结，可总是连绳头都找不到，他们甚至不
知从何处着手。

亚历山大对这个预言非常感兴趣，就找人带他去看这个神秘之结。幸好，
这个结尚完好地保存在朱庇特神庙里。

亚历山大仔细观察着这个结，却始终没有找到绳头。

这时，他突然想到："为什么不用自己的方式来打开这个绳结？"

于是，他拔出剑来，一剑把绳结劈成两半，这个保留了数百载的难解

之结，就这样轻易地被解开了。

立刻行动，用心趋向目标，不墨守成规，遵从自己的行动规则和做事的风格，注定会取得理想成绩。

20 年前，一个年轻人离开故乡，开始创造自己的前途。他动身的第一站，是去拜访本族的族长，请求指点。老族长正在练字，他听说本族有位后辈开始踏上人生的旅途，就写了 3 个字：不要怕。然后抬起头来，望着年轻人说："孩子，人生的秘诀只有 6 个字，今天先告诉你 3 个，供你受用半生。"

20 年后，这个从前的年轻人已是 40 多岁，人到中年，有了一些成就，也添了很多伤心事。归程漫漫，到了家乡，他又去拜访那位族长。他到了族长家里，才知道老人家几年前已经去世，家人取出一个密封的信封对他说："这是族长生前留给你的，他说有一天你会再来。"还乡的游子这才想起来，20 年前他在这里只听到人生的一半秘诀。拆开信封，里面赫然又是 3 个大字：不要悔。

过去的已然过去即便曾错过什么，悔之亦无益，耽误的只是自己的生命，糟蹋的只是自己的情绪。

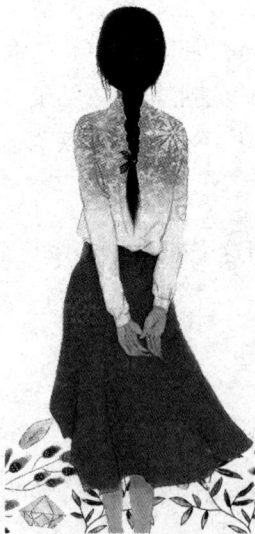

学姐寄语

人生本来有得必有失，失去的同时，必定也得到了一些，只不过人类的心态通常会忽视己拥有的，而视不属于自己的东西为珍宝。

陈天桥：你有权倚势服人

大咖故事会

2001 年，一个年轻的老总迷上了一种韩国商家推荐过来的韩国游戏，他当下决定与这家韩国公司合作运营这款游戏。然而他的想法却意外地遭到了后台投资公司的反对，但他坚持自己的决定，于是撤回自己在后台投资公司的股份。

他的整个公司只剩下 30 万美元，仅仅勉强签下这款游戏的运营合同。

他将员工团结到一起，准备破釜沉舟迎接挑战。他深知一个事实，如果游戏在测试期内不能吸引足够的玩家，就不能收费运营，也不会有新的收入，公司会面临倒闭，但他还是义无反顾地签下了合同。

游戏的合同签下了，但是一点运行的条件都没有。他需要很多服务器，却连一台合适的都没有，也没有钱去购买这些设备。

在这样寸步难行的困境里，他并没有退缩，而是拿着这一纸与韩国商家的"国际合同"，敲响了浪潮、戴尔等服务器厂商的大门。

当大家质疑这个空手而来的客户时，他拿出这份"国际合同"颇有气势地告诉他们："我们要运作韩国人的游戏，我申请试用机器两个月。"

服务器厂商拿着合同一看，的确是正规国际合同，这位年纪轻轻的小伙子折服了他们，让他看到了潜在的实力，于是就同意了。

就这样，他凭着一纸国际合同的气势，拿到了价值数百万的服务器。服务器有了，但他还缺乏宽带的支持，仅凭一纸国际合同是没有用的。于是，他又拿起了与浪潮、戴尔这些服务器厂商的合同来到了中国电信。

他依旧是颇有气势地对中国电信的工作人员说："我要运行韩国人的游戏，

浪潮、戴尔都给我提供服务器，请你们给我们提供测试期免费的宽带试用。"中国电信的人一看，浪潮、戴尔都与他签订了免费试用服务器的合同，断定这个年轻人的来头不小，有潜力可挖，于是给他提供了免费的宽带试用。

就这样，倚着两份合同带来的磅礴气势他得到了完善的基础设备。这使得他的游戏测试顺利运行。游戏测试结果是这款游戏受到了极大的欢迎。两个月之后，游戏开始收费，又过了一个月，他的投资就已经完全收回了。

2001 年 11 月到 2003 年 10 月，在不到两年的时间里，他的财富竟激增了几千倍，身家达到了 40 亿元。他甚至一举收购了原来与他合作的那家韩国游戏厂家。此后，他的个人财富由 40 亿元剧增至 88 亿元。2004 年，他更是荣登"福布斯中国百富榜"次席，那时他年仅 32 岁。